U0224927

KITCHEN MIXOLOGY

灵魂调料实验所

凌嘉—著

天津出版传媒集团

百花文艺出版社

我最早写食谱书的想法可追溯至2010年，当时刚开始做策略咨询的工作，发现策略可以以各种纬度出现在厨事里。于是，一直想写一本能让家厨们更聪明、更有效率、可以举一反三的食谱书，书中贯穿 "厨房的策略" 这样的思维方式。

所以在2016年底刚完成上一本食谱书《从厨房到餐桌》时，这一本的架构就已经初步成型了。我不想光写单篇的食谱，而是希望教会更多人学一个食谱就能变换出各种不同的属于自己的原创新食谱。

《灵魂调料实验所》是一本能让你看到各种辛香料调味品以不同的混搭形式产生更多可能性的食谱书。用美食的艺术与感性结合厨房里的科学，并且从中看见单种食材的多种使用方法及原理。

"把食谱变成属于每个人自己的食谱" 才是我撰写食谱的初心。

使用这本食谱书时，你可以把单篇食谱看作是仍有无限可能延展的基础做法，然后随心交互参照。第二章的食谱或许可以跟第一、三、四章各种交叉搭配，你也可以在一个腌肉基础食谱上，发挥自己的想象力。

接下来，就看你的了。
Enjoy!

●

"Cooking is an art, kitchen work is

science, making beautiful dishes is a

blend of the two."

- Joyce Ling

●

"烹饪是艺术，厨事是科学，
二者合一，为美食背后的真理。"

- Joyce Ling

CONTENTS I

目 录

CHAPTER ONE

CHAPTER TWO

MARINADE
湿腌料

CHAPTER THREE

DIP
蘸酱

▍ CHAPTER FOUR

DRESS
沙拉酱
&
拌酱

CHAPTER FIVE

STEW
&
BRAISING
SAUCE
炖煮酱

CHAPTER ONE

第一章

————————

煎烤肉类的时候，最忌讳水分多，湿度高
导致肉类在煎烤过程中
难以形成焦脆美好的表层口感
看了这章之后，就再也不要用
中式腌肉的方式来腌各种牛羊排了
中式腌肉法还是比较适合中式烹饪手法的

干抓腌料，是利用各种干燥调料
搭配成能够锁住水分又深层入味的西式腌制手法

DRY RUBS

——

干抓腌料

STEAK RUB
牛排干抓腌料

红糖 ································· 1小匙

孜然粉 ····························· 1小匙

红椒粉 ····························· 1小匙

西芹粉 ····························· 1小匙

黄姜粉 ····························· 1小匙

干洋葱粉 ··························· 1小匙

海盐 ······························· 1小匙

黑胡椒粉 ··························· 1小匙

干大蒜粉或颗粒 ···················· 1小匙

香菜粉 ····························· 1小匙

所有调味粉/粒充分搅拌均匀

如有时买到颗粒比较粗的

也可以在食物调理机中打匀后使用

干抓腌料为方便配置，总是会制作得比较多

混合后的干抓腌料粉可以存放在密封罐中

我总是会一次调配很多，方便使用

只要存放在阴凉干燥的地方

就可以放上半年左右

超过这个时间，则风味容易流失

SEARED FLANK STEAK
快煎牛后腹肉排

牛排干腌粉 ······················· 4大匙
牛后腹肉 ······················· 400—500克
迷迭香 ······················· 1支
黄油 ······················· 1大匙
大蒜 ······················· 4—5瓣

烤箱预热190℃

用牛排干抓腌粉均匀涂抹牛排
用保鲜袋包好后在冰箱干腌3小时至过夜
大平底锅中热黄油至稍微有烟冒出
加大蒜与迷迭香
放肉排进锅大火一面煎5分钟
期间不停地用调羹舀热油淋在牛排上
保持两面温度均匀

进烤箱烤约5分钟即可达到三分熟

STEAK GRAVY
牛排酱汁

大蒜 ······························· 2瓣

牛高汤 ···························· 2量杯

法式黄芥末酱 ··················· 1大匙

番茄酱 ···························· 3大匙

辣酱油 ···························· 1大匙

面粉 ······························· 3大匙

黑胡椒 ···························· 1大匙

海盐 ······························· 1小匙

黄油 ······························· 4大匙

小锅中热黄油，煸炒蒜片

加面粉炒出香气后，

加番茄酱、辣酱油（Worcestershire）、法式黄芥末酱拌匀

炒香酱料后，加高汤

煮沸腾后加黑胡椒与海盐调味

小火煮至浓郁即可关火

DONNER KEBAB RUB
中东烤肉干抓腌料

孜然粉 ·································· 1小匙

红椒粉 ·································· 1小匙

咖喱粉 ·································· 1小匙

肉桂粉 ·································· 1小匙

干洋葱粉 ······························ 1小匙

海盐 ···································· 1小匙

黑胡椒粉 ······························ 1小匙

干大蒜粉或颗粒 ······················ 1小匙

干印度马萨拉粉 ······················ 1小匙

这里指的印度马萨拉粉为Graham Masala

它是一种混合调料，在中东料理中用来为肉类去腥

里面包含了黄姜粉、姜末、 肉蔻

丁香、白胡椒、黑胡椒等等

通常在国外超市都能找到

淘宝上也可以直接搜英文找到

如果没有的话，自行搭配当然也可以

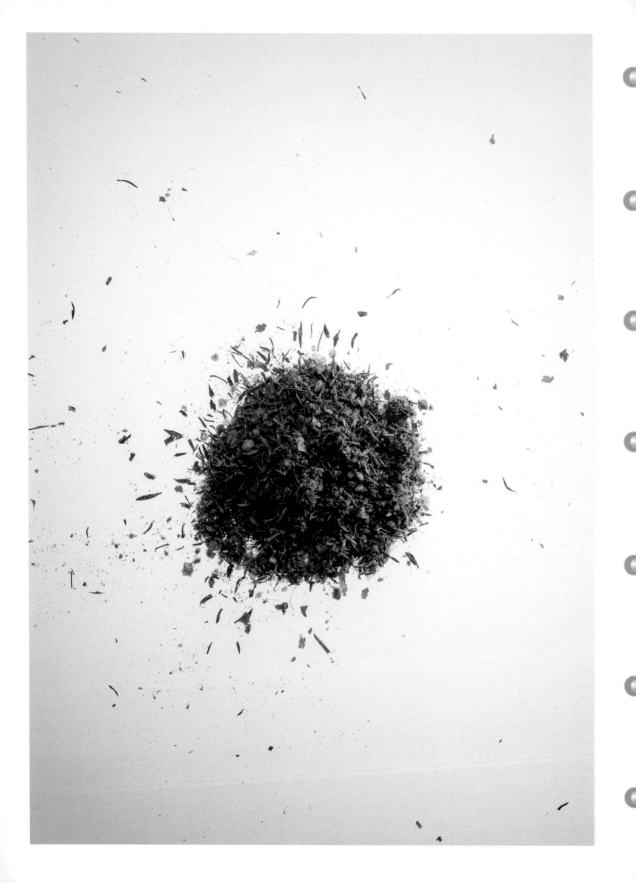

BASIC BRISKET RUB
基础慢烤牛肉干抓腌料

红椒粉 ·································· 1小匙

黄姜粉 ·································· 1小匙

干洋葱粉 ······························ 1小匙

海盐 ···································· 1小匙

黑胡椒粉 ······························ 1小匙

干大蒜粉或颗粒 ······················ 1小匙

黄芥末粉 ······························ 1小匙

黄芥末粉为腌肉烤肉常备调料

最好在外国超市或淘宝购买一罐

无论是炖肉或腌肉都很好用

如果第一次制作实在没有买到

可以在干抓腌料腌制好肉后准备烤之前

在肉上涂抹薄薄一层黄芥末酱

注意一定要很薄，否则芥末辣味会太重

SLOW ROAST BRISKET
慢炙嫩烤牛肉

牛胸肉	1公斤
牛肉干抓腌料	3大匙
橄榄油	2大匙
紫洋葱	1球
啤酒	1罐
高汤	1量杯
任意烧烤酱	1/2量杯
辣酱油	1/3量杯

烤箱预热170℃

慢炙嫩烤牛肉最重要的就是需要先干腌
才能确保肉内部维持湿度，并且快速入味
这道美国经典大菜的传统做法
就是先干腌，后湿腌
湿腌主要为了让肉质变嫩

牛胸肉洗净擦干，先用干腌料涂抹按摩均匀
保鲜膜包起来腌至过夜
拿出来后在大锅中炒洋葱块
并且将牛胸肉整块表面煎出焦黄感

牛胸肉拿出放在烤盘备置
剩下的干腌料、洋葱、啤酒与高汤
加烧烤酱、辣酱油煮至沸腾
浇一半在牛胸肉上，进烤箱烤2小时
2小时后再浇剩下的一半汁
之后覆盖上锡箔纸烤40分钟
然后打开锡箔纸，烤最后的40分钟
拿出后静置10分钟再切薄片即可食用

BRISKET SANDWICH
烤牛肉三明治

慢炙嫩烤牛肉 ·································· 60克

奶酪片 ·· 2片

辣酱油 ·· 2大匙

洋葱 ·· 1球

番茄酱 ·· 1大匙

大号汉堡面包胚 ································ 1个

洋葱切丝，小锅热油

与番茄酱、辣酱油同炒至酥软

慢炙嫩烤牛肉用叉子挑散

汉堡面包胚涂少许黄油，在平底锅中略烘烤

叠上牛肉，加奶酪片、酸甜洋葱丝

放入190℃的烤箱中烤5分钟奶酪，融化即可

盖住面包就可以享用了

奶酪用切达（Cheddar）

蒙特利杰克（Monterey Jack）

都很适合

LAMB RUB
羊肉干抓腌料

孜然粉 ···································· 1小匙

干薄荷 ···································· 1小匙

海盐 ······································ 1小匙

干迷迭香 ·································· 1小匙

腌制肉类时，使用新鲜香料当然很棒
然而干抓腌料的目的是防止水分渗入
所以在这里全部用干香料粉也是很好的

同时干抓腌料也是用掉家中干香料的好办法
并且它们比新鲜香料更容易储存

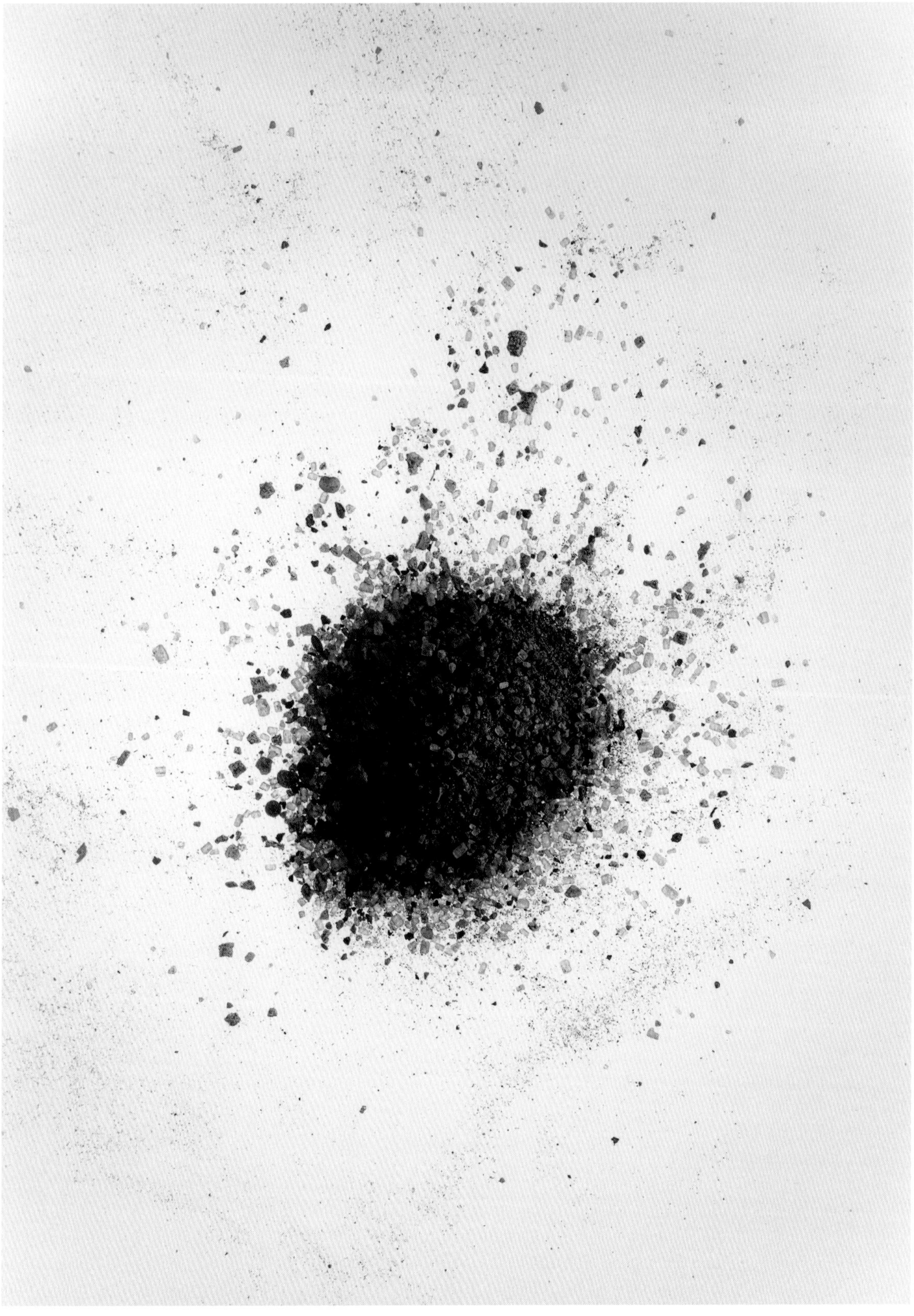

LAMB CHOP
烤羊排

小羊排 ·························· 4片
羊肉干抓腌料 ·················· 1大匙
橄榄油 ·························· 2大匙
大蒜 ···························· 1球
鼠尾草或迷迭香 ················ 1支

烤箱预热195℃

把带骨法式修边的小羊排洗净擦干
用羊肉干抓腌料将两面抹匀
平底锅中热橄榄油
小羊排熟得快，双面各大火煎一分钟即可
连烤盘进烤箱烤5分钟即可拿出
羊排配酸奶酱、薄荷酱都合宜

大一些的羊排制作时间略增加即可
连排的整段羊排
先用羊肉干抓腌料均匀涂抹后
再用黄油涂满整段羊排
在180℃的烤箱中烤60分钟
烤肉温度计插进去温度达到160℃

拿出，切成羊排即可

LAMB KEBAB
烤羊肉串

去骨羊排 ·························· 600克

羊肉干抓腌料 ······················ 3大匙

红黄彩椒 ·························· 各1个

洋葱 ···························· 1球

橄榄油 ···························· 2大匙

羊排洗净擦干切块

用羊肉干抓腌料拌匀

长竹签泡水后

与彩椒块、洋葱块、羊肉块一同串起

在190℃的烤箱中烤20分钟即可

CHICKEN ROTISSERIE RUB
烤鸡干抓腌料

干洋葱粉 ································ 1小匙

海盐 ································ 2小匙

干大蒜粉或颗粒 ···················· 1小匙

干迷迭香 ···························· 1小匙

烤带皮整鸡的时候

最重要的是让鸡皮不过度出水

所以使用的海盐也要比其他的干抓腌料来得多一些

主要是让盐粒吸收水分

鸡皮才能脆

同时鸡肉里面才能入味

WHOLE ROASTED CHICKEN
烤全鸡

整鸡 ·· 1只

烤鸡干抓腌料 ································· 4大匙

橄榄油 ·· 2大匙

柠檬 ·· 2个

大蒜 ·· 2球

鼠尾草或迷迭香 ······························ 2支

整鸡买回时
请超市员工或肉贩帮忙把内脏清理干净
翻开全鸡底部，用刀竖着剖开
（从头至尾部的方向）
把鸡像蝴蝶的形状摊开
放置在垫了烘焙纸的烤盘上
用烤鸡干抓腌料均匀抹遍鸡的全身
在鸡身底部铺满切半大蒜球与切半柠檬
鸡身淋上少许橄榄油
在230℃的烤箱中烤40分钟至90分钟
根据鸡的大小，观察皮呈现金黄色即可

这样烤出来的鸡，干抓腌料里的海盐粗粒
会逼出鸡皮的水分
使鸡皮更脆而鸡肉仍鲜嫩多汁

CHICKEN GRAVY
烤鸡酱汁

无盐黄油 ·························· 1/4量杯

面粉 ···························· 1/4量杯

鸡高汤 ·························· 1量杯

淡奶油 ·························· 1/3量杯

盐、胡椒 ························ 少许调味

如有烤鸡剩下的鸡油与调味粉

用来做烤鸡酱汁是最理想的

这个食谱可以在鸡油或调味粉剩量不够的情况下完美取代

（有剩余的话，用鸡油取代黄油）

小锅将黄油热融化

加面粉炒香

加高汤、淡奶油、盐、胡椒小火边煮边搅拌

熬煮约15分钟至浓稠即可关火

这道烤鸡酱汁是搭配任何节日里做烤鸡最完美的配料

感恩节、圣诞节等搭配烤火鸡也可以

PORK RUB
猪肉干抓腌料

红椒粉 ······························ 1小匙

红糖 ······························ 1小匙

白糖 ······························ 1小匙

西芹粉 ······························ 1小匙

黑胡椒粉 ······························ 1小匙

百里香粉 ······························ 1小匙

海盐 ······························ 1小匙

腌制猪肉时
红、白糖搭配除了可以在煎烤过程中
为肉表层带来焦脆效果以外
更能与海盐相辅相成地为猪肉提鲜
如果只有一种糖的话
也无需太过担心

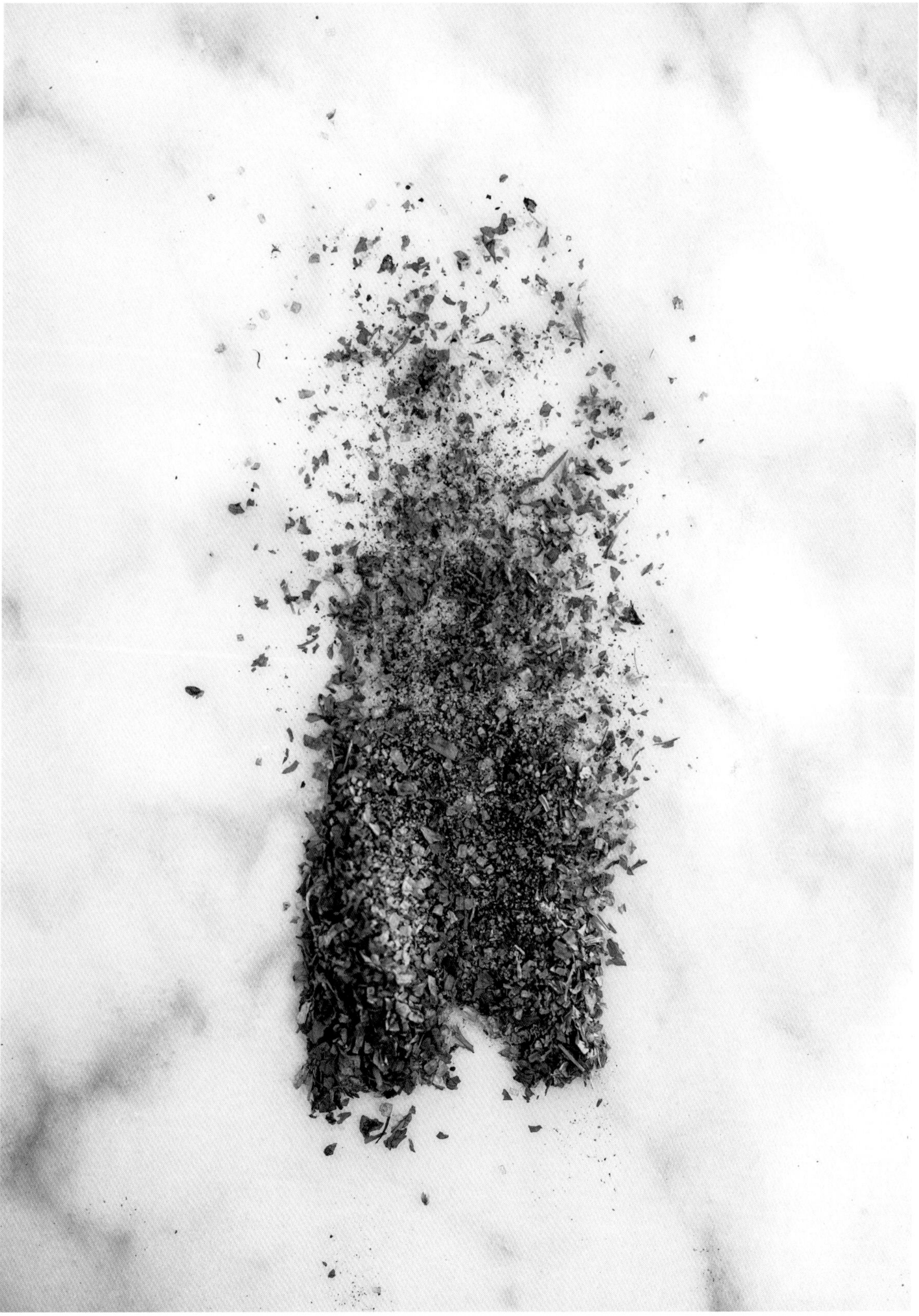

PAN FRIED PORK CHOP
煎猪排

带骨猪排 ·························· 2块

猪肉干抓腌料 ······················ 2小匙

橄榄油 ·························· 2大匙

腌黑橄榄 ························· 1大匙

新鲜欧芹叶 ······················ 1大匙

猪排洗净擦干，用猪肉干抓腌料

均匀涂抹按摩在肉上

平底锅中热油，猪排一面煎5分钟

翻面再煎3分钟

待猪排盛出后，用剩余的油

加切碎的腌黑橄榄、欧芹叶碎炒香

可作为煎猪排的蘸酱

用猪肉干抓腌料煎猪排

腌料里的红椒粉与白糖

会在猪排上形成金黄香脆的表层

糖分同时可带出猪肉的香气与鲜美

SIDE – CREAMED SPINACH

煎猪排配菜 – 奶汁菠菜

奶油奶酪 ························· 100克
淡奶油 ···························· 2小匙
浓缩鸡汁 ························· 1大匙
海盐、胡椒 ····················· 适量调味
冷冻菠菜 ························· 250克

小锅中热融奶油奶酪（Cream Cheese）
加浓缩鸡汁，淡奶油，冷冻菠菜
小火熬煮至浓郁
最后加海盐与胡椒调味即可

这道奶汁菠菜
与猪排搭配得十分出色
是各种烤肉的经典配菜

FISH RUB
烤鱼干抓腌料

黄柠檬皮碎 ·· 1小匙

干香菜 ·· 1小匙

干洋葱粉 ·· 1小匙

白胡椒粉 ·· 1小匙

红椒粉 ·· 1小匙

海盐 ··· 1小匙

烤整条带皮带骨的鱼时
使用的量可以稍微多一些
在鱼的外皮抹匀
再在鱼身侧剖开内部抹一些去腥

如果是净鱼肉，两面稍微撒一些调味即可
这个食谱也可以用作炖鱼汤的调料

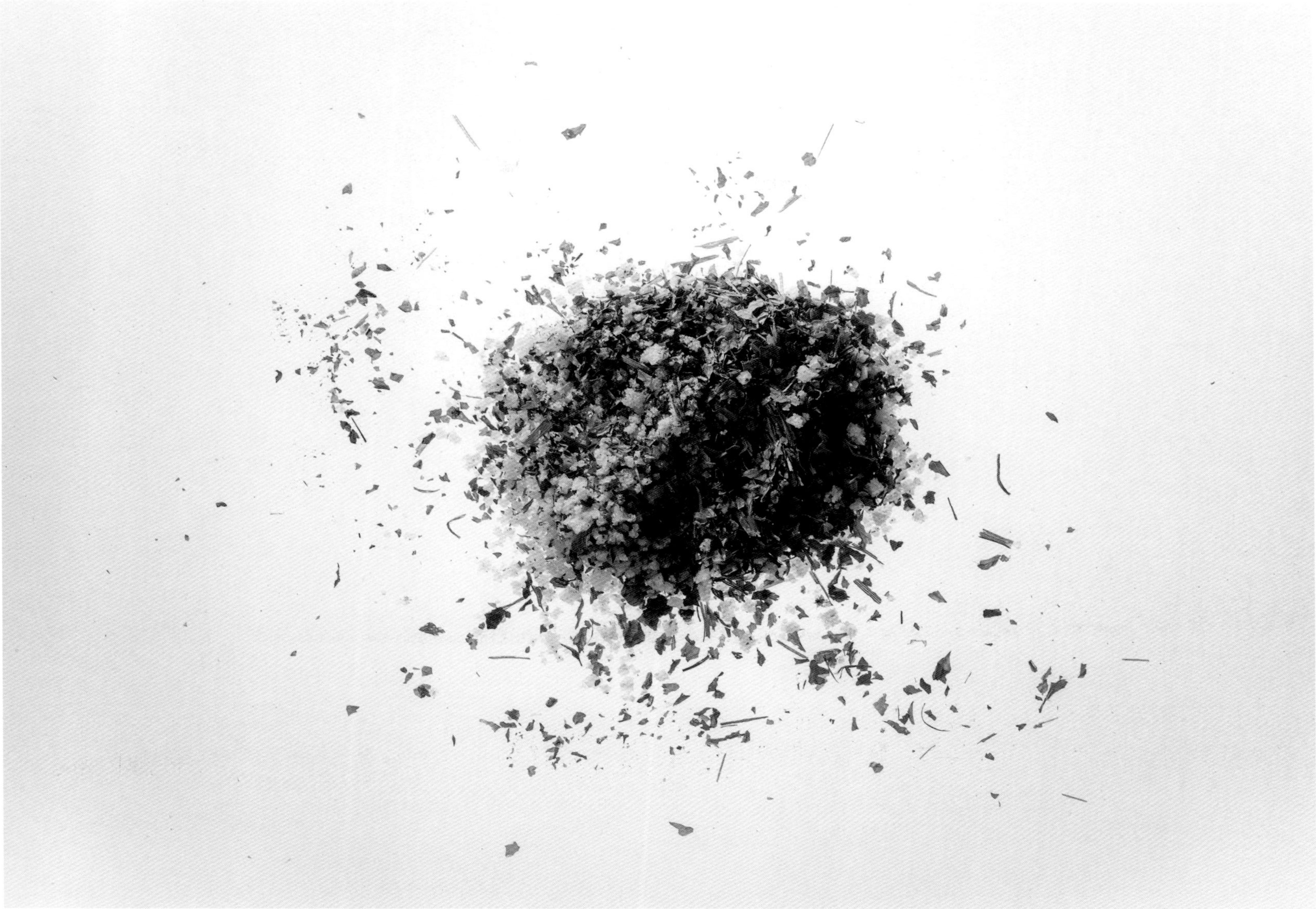

GRILLED FILET OF SOLE
地中海柠檬烤鲈鱼

去骨去皮鲈鱼排 ·························· 1整片

烤鱼干抓腌料 ·························· 1大匙

柠檬 ·························· 1个

橄榄油 ·························· 2大匙

小酸豆 ·························· 1大匙

新鲜欧芹叶 ·························· 1大匙

烤鱼的时候，会发现仅用
大蒜、洋葱、柠檬或胡椒海盐等调味
总是少了层次感
大海的鲜味无法被带出来
用烤鱼干抓腌料则能带动更多香气

鲈鱼排洗净擦干
用烤鱼干抓腌料轻抹于鱼肉两侧表面
放置在垫了烘焙纸的烤盘上
撒上小酸豆，铺上半个柠檬切片
淋上少许橄榄油
在190℃的烤箱中烤20分钟即可
拿出后，剩下的半个柠檬挤汁其上
新鲜欧芹叶切碎撒上即可

SICILIAN FISH STEW

西西里炖鱼汤

去骨去皮鱼排 ·························· 300克
烤鱼干抓腌料 ·························· 1小匙
意大利进口番茄罐头 ·················· 1罐
西芹 ································· 1根
洋葱 ································· 1/2球
高汤 ································· 3量杯
番茄膏 ······························ 1大匙
大蒜 ································· 2瓣
烤松子仁 ···························· 1大匙
橄榄油 ······························ 2大匙
白葡萄酒 ···························· 1/3量杯
欧芹叶 ······························ 1小把

烤鱼干抓腌料不仅能拿来烤鱼
更可以作为炖鱼汤的基础调料

鱼排洗净擦干，切大块备置
汤锅中加一大匙橄榄油
炒切碎的大蒜、洋葱与西芹至熟软
加烤鱼干抓腌料，番茄罐头捣碎
炒出香气后，加白葡萄酒、高汤与烤松子仁
煮沸腾后加番茄膏调匀，加入鱼肉块
小火煮20分钟
关火前加新鲜欧芹叶碎
盛盘后淋少许初榨橄榄油即可

这道菜搭配烤得脆脆的面包片
是冬日最完美的一碗热汤

CHAPTER TWO

—————— 第二章 ——————

呈现油、汁、酱状态的腌料
不具备锁住肉汁的功能
于是更适合快速烹饪手法
如煎、炸、炒

在这一章
你会看到更多
亚洲风情的食谱
抑或是同样拥有
快速烹饪手法的西餐食谱

MARINADE

湿腌料

YOGURT MARINADE
酸奶腌料

黄柠檬皮碎 ···························· 1小匙
希腊酸奶 ···························· 3大匙
新鲜洋葱碎 ···························· 1小匙
黄姜粉 ···························· 1小匙
新鲜欧芹叶碎 ···························· 2小匙
海盐 ···························· 1小匙

酸奶腌料可以不用调理机扪匀
只要把柠檬皮与香料切碎
与酸奶拌匀即可使用

酸奶有助于松开肉质
让口感更为软嫩多汁
是天然的松肉食材
有了它，即便是较为干柴的鸡胸肉
也能比得过鸡腿肉

Tips：这款腌料，最好即做即用

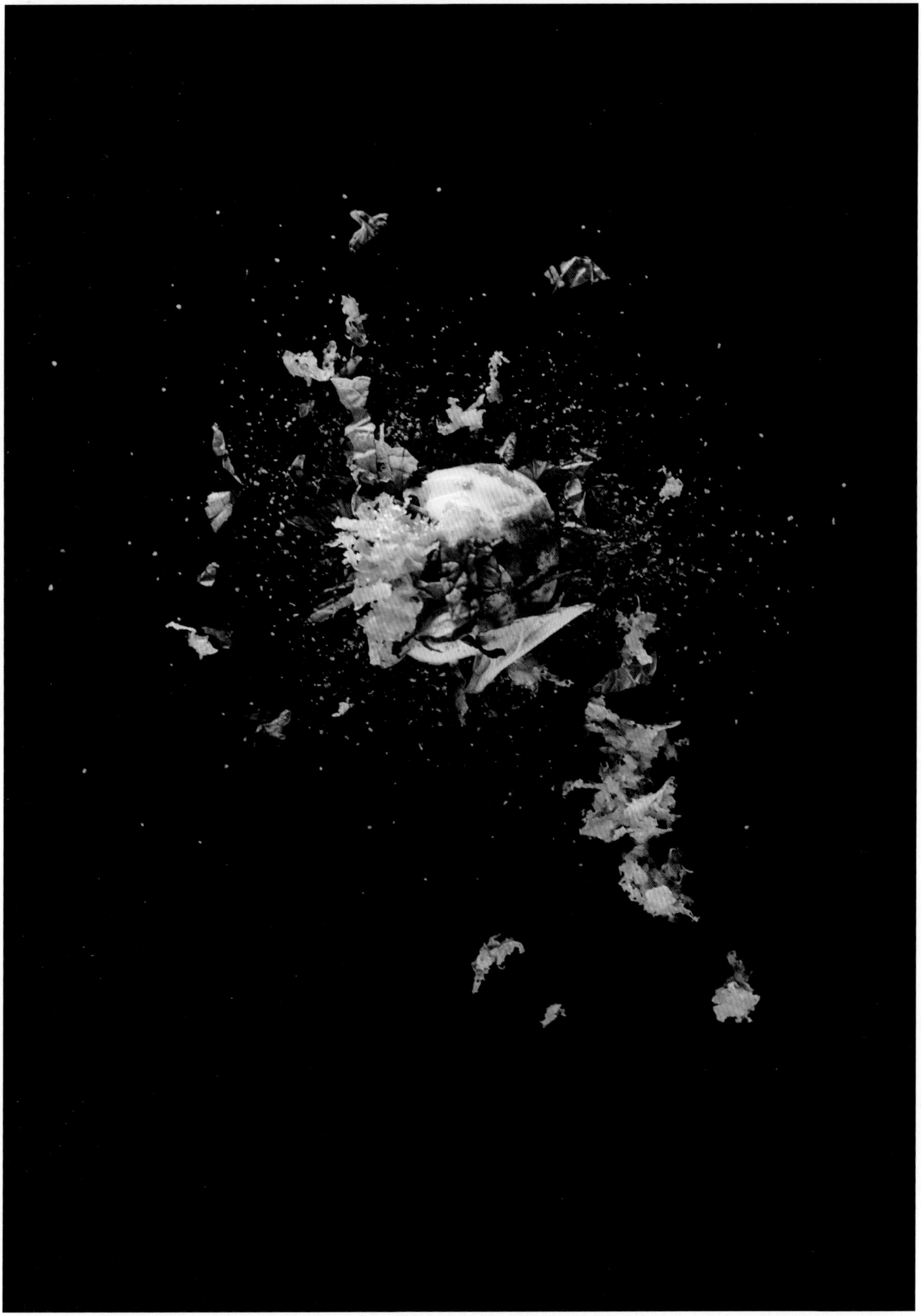

GREEK CHICKEN KEBAB
希腊酸奶烤鸡串

去骨鸡腿肉 ·· 4块

酸奶腌料 ·· 1/2量杯

姜黄粉 ·· 1小匙

橄榄油 ·· 1小匙

希腊酸奶不仅美味健康

是健身人士的最爱

它还是最完美的肉类腌料

能让肉更软嫩，汁水丰盈

去骨鸡腿肉切块，与酸奶腌料，姜黄粉拌匀烤肉

长竹签泡水后串起鸡腿肉块

铺在垫了烘焙纸的烤盘上

淋上橄榄油

在190℃的烤箱中烤20分钟即可

GREEK ROAST LEG OF LAMB
希腊酸奶烤羊腿

羔羊腿 ·························· 1支
希腊酸奶腌料 ·················· 2量杯
羊肉干抓腌料 ·················· 1/3量杯

带骨羔羊腿不易入味
带着骨头怕不熟又怕把肉烤老了
先用第一章教的羊肉干抓腌料抓匀入味
再用希腊酸奶腌料腌制
烤出来的羔羊腿软嫩多汁，滋味丰富

羔羊腿洗净，用小刀戳数个小洞
用羊肉干抓腌料均匀涂抹
按摩羊肉充分沾染腌料
再立刻用酸奶腌料腌30分钟

在180℃的烤箱中烤2个小时即可
用肉类温度针测量
肉里的温度达到160℃—180℃之间就表示熟了

ITALIAN GARLIC & HERB MARINADE
意大利大蒜香料腌料

初榨橄榄油 ·························· 2大匙

海盐 ······························· 1小匙

新鲜大蒜 ·························· 3—4瓣

新鲜欧芹 ·························· 1小把

新鲜百里香 ························ 1小把

蒜瓣去皮，香料去梗取叶

与橄榄油混在食物调理机中打成泥

注意，在打成酱料时新鲜香料的梗

一定要去除，这样才不会有苦味

做好的酱料

可以在冰箱密封冷藏1个月左右

当酱料颜色开始变深，就可以摒弃了

HERB & GARLIC FRIED CHICKEN
蒜香炸鸡

带皮鸡腿 ……………………………… 4个

意大利大蒜香料腌料 …………………… 1/2量杯

红薯淀粉 ……………………………… 1量杯

饮用水 ………………………………… 1量杯

海盐 …………………………………… 2小匙

白胡椒 ………………………………… 1小匙

食用油 ………………………………… 2量杯

面粉 …………………………………… 1量杯

要保持炸鸡的香脆

各个家厨有自己的秘方

在美国时，我喜欢使用Buttermilk做裹浆

还有一个好法子就是用红薯淀粉调水后

沉淀下来的浓浆做面衣

能长时间维持香脆

红薯淀粉加水调匀后静置

沉淀后倒去多余的水，剩下的是淀粉浓浆

浓浆里加盐和白胡椒粉

加入意大利大蒜香料腌料拌匀

鸡腿洗净擦干， 先裹一层面粉

再裹一层淀粉浓浆面衣

入油锅炸至表皮金黄，浮起即可

HERB & GARLIC DINNER ROLLS
蒜香小餐包

小圆餐包 ····························· 8个
意大利大蒜香料腌料 ··············· 1/3量杯
帕玛森奶酪碎 ······················· 1/3量杯

一般的小餐包吃起来淡而无味
用一点儿小技巧就能让它的香气与口感升级

在圆形烤盘中，盘满小圆餐包
刷上意大利大蒜香料腌料
再刨上帕玛森奶酪碎
在180℃的烤箱中烤10分钟即可

如此改装后的小餐包，香气十足
比蒜蓉面包味道更优雅丰富
搭配沙拉或白酒蛤蜊都很棒

MIDDLE EASTERN SHAWARMA MARINADE
中东烤肉腌料

新鲜香菜 ·· 1小把

新鲜大蒜 ·· 3—4瓣

柠檬汁 ··· 1大匙

新鲜柠檬皮 ·· 1小匙

红椒粉 ··· 1小匙

豆蔻粉 ··· 1小匙

海盐 ··· 1小匙

黑胡椒粉 ·· 1小匙

番茄膏 ··· 3大匙

沙威玛（Shawarma）是来自中东的一种烤肉腌酱
通常料理方法为用它涂抹在大块的鸡肉、羊肉、牛肉上
然后进行慢火烤制
再进行切片

搭配中东小米饭或卷饼
异域风味十足

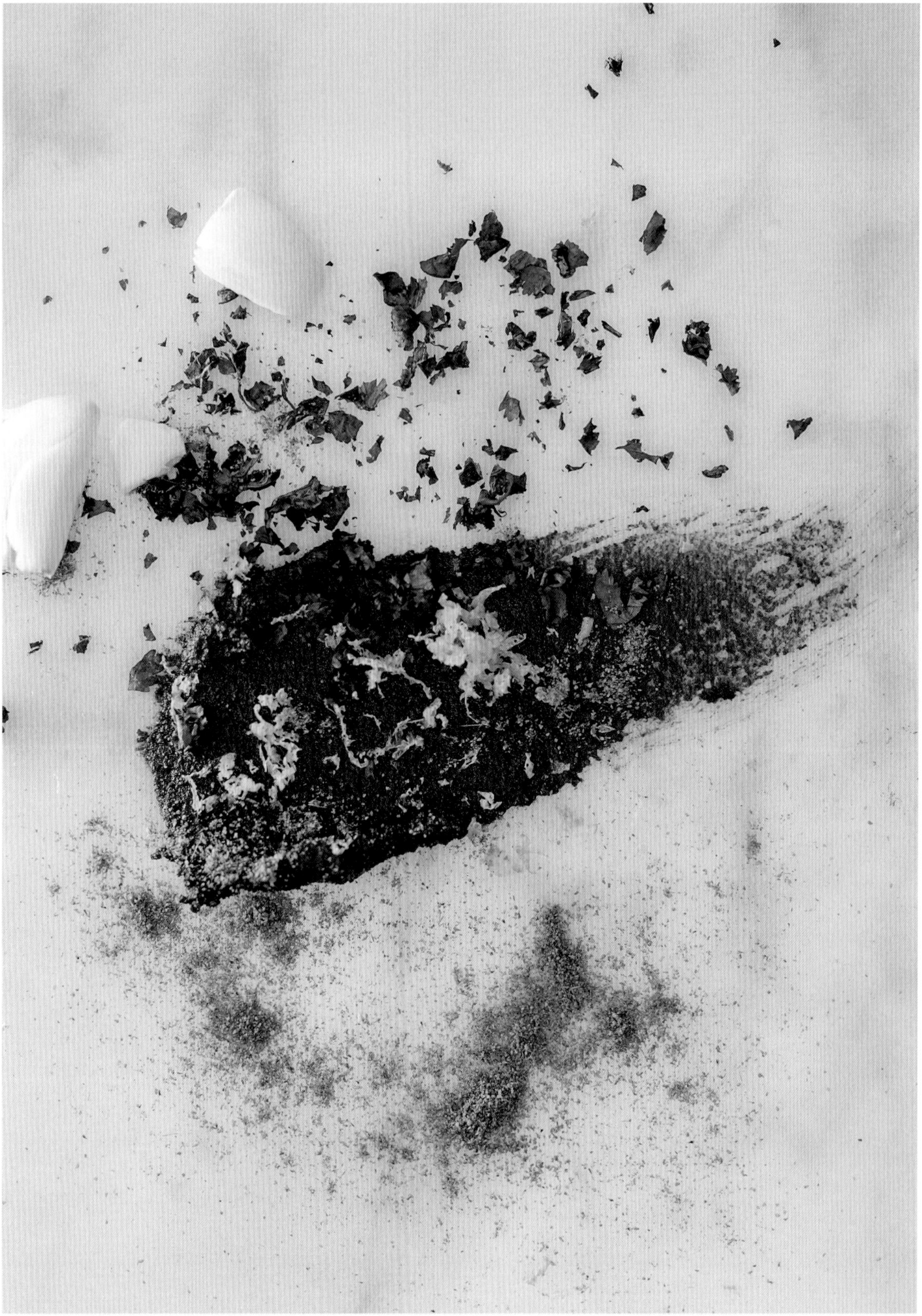

SHAWARMA LAMB SHANK
中东风味烤小羊腱

带骨小羊腱 ·················· 4根

中东烤肉腌料 ·················· 1量杯

胡萝卜 ·················· 1根

白洋葱 ·················· 1球

葡萄干 ·················· 1大匙

橄榄油 ·················· 1大匙

高汤 ·················· 2量杯

带骨小羊腱像鸡腿一样大小

其肉富有弹性又足够软嫩，炖烤都适宜

带骨小羊腱洗净擦拭干净

用小刀在肉上戳数个小洞

将中东烤肉腌料均匀涂抹

常温备置1小时

汤锅中加橄榄油

切块胡萝卜与洋葱炒至熟软

加羊腱两面煎至金黄

连着腌料加高汤，与葡萄干一起

中火煮至沸腾后小火炖30分钟

整锅进180℃的烤箱焗烤1小时

至汤汁大部分收干即可盛盘

SHAWARMA CHICKEN LAFFA
中东烤鸡卷饼

去骨鸡腿肉 ·························· 4块

中东烤肉腌料 ························ 1/2量杯

白洋葱 ···························· 1/2球

葡萄干 ···························· 1大匙

橄榄油 ···························· 1大匙

拉法饼 ···························· 2张

希腊酸奶 ·························· 1/2量杯

柠檬 ····························· 半个

薄荷叶 ···························· 少许

海盐 ····························· 少许

去骨鸡腿肉洗净擦干
用中东烤肉腌料均匀涂抹后腌制约30分钟
平底锅中热油，炒洋葱条，煎制鸡腿肉
两面各煎4分钟至金黄即可

拉法饼（Laffa Bread）可在平底锅中温热
拿出切半，总共变成四块饼

希腊酸奶加半个柠檬挤汁
薄荷叶切碎，佐海盐调味

饼上涂抹酸奶薄荷酱后
包裹洋葱与鸡肉即可

KOREAN BARBECUE MARINADE
韩国烤肉腌料

新鲜洋葱 ·································· 1/2球
大蒜 ··· 5瓣
酱油 ·· 半饭碗
蜂蜜 ·· 半饭碗
大葱 ··· 半根
韩国辣酱 ································· 1大匙
麻油 ·· 1小匙

洋葱切碎
大蒜瓣去皮压扁
大葱洗净切粗段，用刀背压扁
与酱油、蜂蜜、韩国辣酱、麻油调匀

酱汁调好后，放置约15分钟至半小时
让香料的味道充分融进汁液里

BULGOGI BEEF SHORT RIBS
韩式牛小排

牛小排 ··· 300克
韩国烤肉腌料 ································ 1量杯
橄榄油 ··· 1大匙

牛小排洗净擦干
用韩国烤肉腌料腌制1小时
平底锅中热油少许
牛小排单面煎3分钟
翻面再煎1分钟即可盛出

牛小排肉薄且嫩，无需烹饪过久
可以直接吃
也可以切除骨头用生菜卷着
搭配泡菜吃

韩式牛小排做便当菜也是十分合适的
同样的腌制方式，鸡腿肉为原料也很适合

WAGYU BULGOGI BOWL
韩式和牛饭

和牛肉片 ······························ 200克
韩国烤肉腌料 ······················ 1/2量杯
橄榄油 ······························ 1大匙
鸡蛋 ································· 1个
生菜 ································· 2—3片
韩国泡菜 ···························· 少许

和牛片用韩国烤肉腌料抓匀腌制30分钟
平底锅热油，炒熟和牛肉片备置

小锅烧水，新鲜鸡蛋带壳煮6分钟
关火盖锅盖静置3分钟捞出浸泡凉水

碗底铺白米饭，盖上生菜、泡菜与和牛肉
最后放上去壳切半的溏心蛋即可

韩式和牛饭不建议用火锅肉片
太薄容易散开
最好选择用于烤肉的肉片
厚度足够，有口感也软嫩

SOUTHEAST ASIAN MARINADE
东南亚基础腌料

新鲜香菜 ······················ 1小把

新鲜红葱头 ···················· 3—4个

鱼露 ·························· 1大匙

青柠汁 ························· 1小匙

酱油 ·························· 1大匙

白糖 ·························· 1大匙

红辣椒 ························· 1根

香茅 ·························· 半根

食用油 ························· 3大匙

东南亚基础腌料

重在咸甜鲜香

鱼露的咸鲜

酱油与糖的甘甜

以及香菜梗青柠的香气

用它能做各种东南亚料理

它不仅是一道腌料

加在汤料里也能迅速达到

东南亚菜系的香甜辣感

BUN GA NUONG
越南烤鸡凉拌檬粉

去骨鸡腿肉 ·························· 2块

香菜 ······························ 1把

生菜 ······························ 2—3片

胡萝卜 ···························· 1/3根

东南亚基础腌料 ···················· 1量杯

熟河粉 ···························· 1人份

花生粉 ···························· 1大勺

取3大匙东南亚基础腌料

腌制去骨鸡腿肉1—3小时

胡萝卜切细丝，与1大匙东南亚基础调料拌匀

腌制30分钟，挤去水分沥干即可

平底锅中将鸡排煎熟，切块

河粉煮熟过水，沥干放入大碗中

码上生菜叶，缀以腌胡萝卜丝、香菜叶

再铺上鸡排

等到吃的时候

用约2大勺东南亚基础调料拌匀即可

VIETNAMESE CANE PORK KEBAB
越南甘蔗猪肉串

猪肉糜 ······························· 1量杯

甘蔗 ································· 1根

东南亚基础调料 ····················· 1/2量杯

红葱头酥 ···························· 1大勺

猪肉糜与1/4量杯的东南亚基础调料拌匀

顺时针搅拌10分钟至产生黏性即可

甘蔗切成手指粗细长短

裹上猪肉糜

在185℃的烤箱中烤20分钟至金黄

拿出装盘后撒红葱头酥即可

SWEET CHILI MARINADE
蜂蜜甜辣腌料

蒜蓉辣椒酱 ························· 1大匙
大蒜 ······························· 3瓣
酱油 ····························· 半饭碗
蜂蜜 ····························· 半饭碗

这个食谱灵感来自美式中餐的甜辣口味
所有佐料用调理机打匀后
快速腌制鸡腿肉
或是作为勾芡甜辣酱汁
的确出神入化

SWEET & SPICY FRIED FISH
甜辣龙利鱼块

蜂蜜甜辣腌料 ······················· 半量杯
龙利鱼块 ····························· 500克
鸡蛋 ································· 1个
面粉 ································· 1碗
海盐 ································· 1小匙
白胡椒粉 ····························· 1小匙
食用油 ······························· 2量杯
芡粉 ································· 1小匙

龙利鱼块洗净，用厨房纸擦干水分
切成约麻将牌大小的肉块

大碗中放面粉、胡椒、海盐调和均匀
鱼块放进面粉中两面蘸裹，抖掉多余的面粉
再蘸裹打散的蛋液
再蘸裹面粉
如此重复至所有鱼块都准备完毕

小锅中热油
鱼块炸至金黄后捞起沥干

平底锅中加热蜂蜜甜辣腌料
芡粉加1/3饭碗的冷开水调匀
加入锅中调成甜辣芡汁
倒入炸好的鱼块拌匀盛盘即可

SPICY ORANGE CHICKEN
甜辣橙香鸡排

蜂蜜甜辣腌料 ·························· 半量杯
橙汁 ································· 3大匙
鸡胸肉 ······························ 500克
鸡蛋 ································· 2个
海盐 ································· 1小匙
白胡椒粉 ····························· 1小匙

鸡胸肉切薄片
用肉锤或擀面棍稍微敲散鸡肉组织
用1个蛋清与蜂蜜甜辣腌料与橙汁腌制
最少3个小时，最长可过夜

平底锅中热油
腌制好的鸡排一面煎2分钟即可

拿出后可切条做三明治
或做沙拉都很理想
也可以提前做好
当做健身时的蛋白质加餐

CHIPOTLE
墨西哥基础腌料

新鲜香菜 ·························· 1小把

新鲜红葱头 ·························· 3—4个

红椒粉 ·························· 1大匙

青柠汁 ·························· 1小匙

墨西哥青辣椒汁 ·························· 1大匙

海盐 ·························· 1小匙

香菜粉 ·························· 1小匙

孜然粉 ·························· 1小匙

墨西哥基础调料
作为烤牛排或鸡排腌料
配塔可卷饼或搭在墨西哥米饭上
又或者与希腊酸奶、蛋黄酱搭配
都能立刻创造出热情十足的风情

CLASSIC STEAK FAJITA
墨西哥牛排软卷饼

墨西哥基础腌料 ·····················3大匙
整块牛腹肉或牛腩 ·················600克
彩椒 ·································2个
洋葱 ·································1球
切达奶酪碎 ·························1量杯
奶酪片 ·····························1—2片
海盐 ·································少许
黑胡椒 ·······························少许
墨西哥软面饼 ·······················10张

这种半干湿的基础腌料
适合用在切薄片的牛排上
比如flank、brisket等
也就是牛腹肉或牛腩
整块腌制最少3小时
甚至可以腌过夜

平底锅中大火热油，牛肉一面煎15分钟
翻面后再煎10分钟即可
拿出静置5—10分钟等待汁水吸收进肉里
切薄片长条

同样的平底锅，炒彩椒洋葱丝
加盐、黑胡椒调味即可盛出

墨西哥软面饼（soft taco）
可以用微波炉或平底锅热过
卷切长条的牛肉与炒彩椒丝
叠上满满的奶酪碎卷起来吃即可

JALAPENO HOT SAUCE
墨西哥绿辣椒蘸酱

墨西哥绿辣椒 ······························· 半量杯

大蒜 ·· 2—3瓣

青葱 ··· 1根

香菜 ······································· 1小把

白醋 ······································ 1/3量杯

白糖 ·· 2大匙

海盐 ·· 1大匙

搭配左边的墨西哥牛排软卷饼

最好是清爽酸甜带一点儿辣味的蘸酱

用市面上可以买得到的墨西哥腌绿辣椒

做一味翠绿爽口的蘸酱

酸中带甜，劲辣过瘾

墨西哥绿辣椒（Jalapeno）通常是一片一片

腌制在罐子里的

滤出腌汁后，与大蒜瓣

青葱、香菜、白醋、白糖、海盐

一起用食物调理机打成细腻的酱汁即可

收入密封玻璃瓶中可保存至少1个月

这个酱汁作为Nachos Taco（玉米饼）

上的辣酱也非常合适

CHAPTER THREE

第三章

蘸酱，是最有意思的章节
它不一定属于完整烹饪过程的一部分
甚至可以单独拎出来说
毫无烹饪经验的厨房新手
完全能够随时学会

搭配一些脆烤面包与玉米片、面包棍、蔬菜条等
就是带去朋友家聚餐或请客的好点心

DIP

———

蘸酱

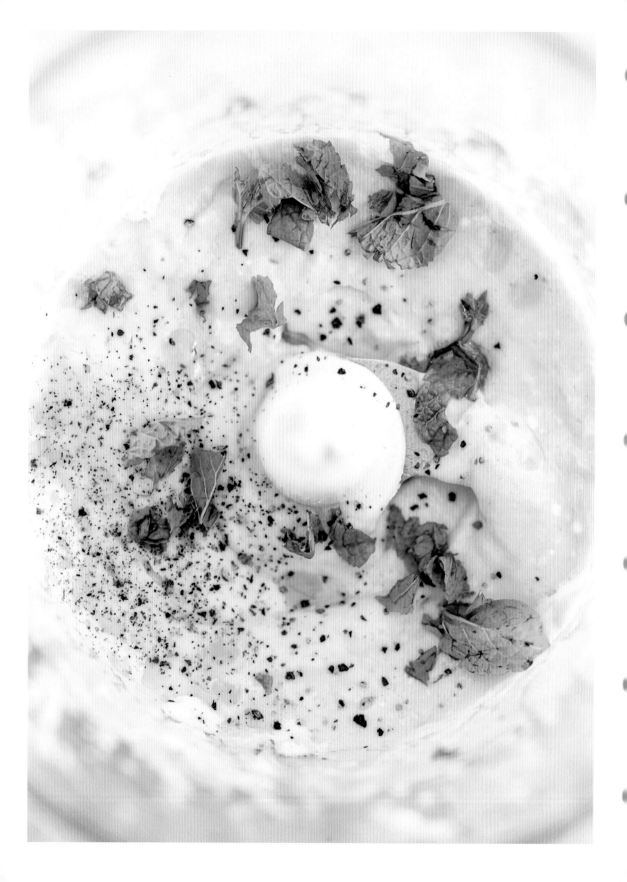

AVOCADO YOGURT
牛油果酸奶蘸酱

新鲜熟透牛油果 ························· 1个

大蒜 ····································· 3瓣

希腊酸奶 ······························· 半饭碗

蜂蜜 ····································· 1大匙

新鲜薄荷叶 ····························· 1小把

海盐 ····································· 1小匙

橄榄油 ··································· 1大匙

柠檬汁 ··································· 1大匙

牛油果肉挖出后，与所有食材

放在食物调理机里打匀

希腊酸奶各家厚度略有不同

建议打的时候慢慢酌量

添加到你喜欢的稠度即可

冰凉凉的蘸酱

直接拿出来就可以搭配玉米片、蔬菜条

也可以与充满奶香的乳酪一起

烤成热乎乎、芝士拉丝的蘸酱

还能拿来做抹面包的三明治酱

DELUXE TURKEY CLUB
超丰富火鸡肉三明治

牛油果酸奶蘸酱 ·························· 1大匙

培根 ································· 2片

酸黄瓜 ······························ 半条

烟熏火鸡肉 ·························· 30克

萨拉米 ······························ 10克

奶酪片 ····························· 1—2片

牛油果酸奶蘸酱

抹在面包上做三明治

特别适合搭配肉类丰富的组合

微酸的酸奶蘸酱，一定要配油脂丰富的肉类

在这个三明治里

搭配了三种——

火鸡胸肉片、脆培根、萨拉米片

佐着爽口酸黄瓜

咬下去口感超丰富超满足

培根用180℃的烤箱烤10分钟

由于肉馅丰富，建议使用厚实一点儿的

软欧包或法棍

WARM AVOCADO CHEESE DIP
牛油果切达芝士热烘蘸酱

牛油果酸奶蘸酱 ·························· 1量杯
新鲜牛油果 ····························· 1/2个
切达奶酪 ······························· 1量杯
墨西哥绿辣椒 ·························· 1大匙
脆玉米片 ······························· 适量

牛油果酸奶蘸酱，加了浓浓的切达奶酪（Cheddar）
放进烤箱中焗烤也可以成为暖风蘸酱

在烘焙碗中将牛油果酸奶酱、奶酪
墨西哥绿辣椒拌匀
再铺一层切达奶酪碎在最上层
在180℃的烤箱中烤至表面金黄即可

蘸酱以脆法棍片或玉米片搭配最美味

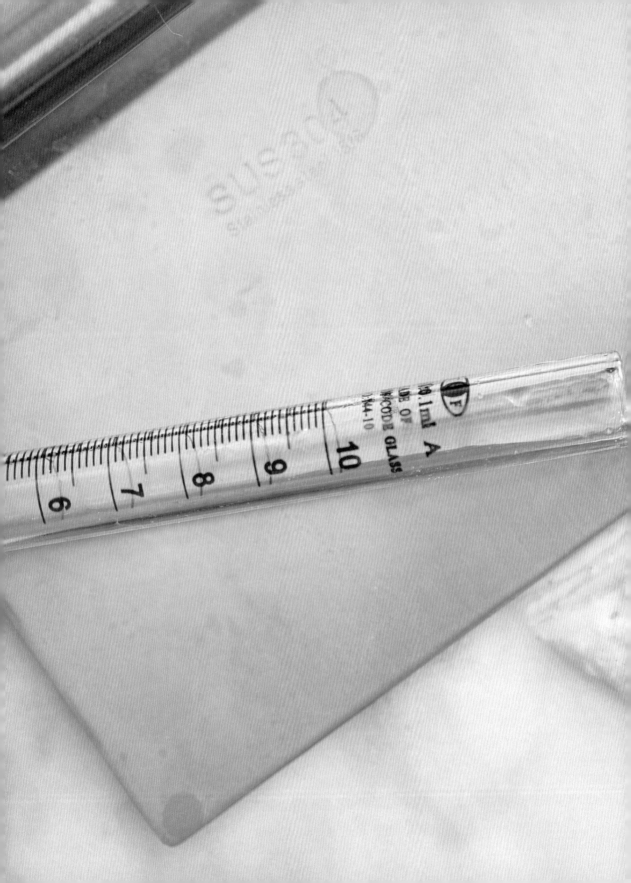

GUACAMOLE
墨西哥牛油果蘸酱

新鲜香菜 ·················· 1小把
洋葱 ·················· 1/3球
红椒粉 ·················· 1小匙
柠檬汁 ·················· 1小匙
牛油果 ·················· 1个
海盐 ·················· 1小匙
橄榄油 ·················· 1大匙
黑胡椒 ·················· 1小匙
番茄 ·················· 1个

Guacamole作为国人十分熟知的
墨西哥蘸酱之一，要做好非常简单
提升一个层次的话却也需要小窍门
牛油果一半捣成泥
一半切成丁
与番茄丁、香菜碎
加上所有剩余调料拌匀
软绵细腻的牛油果酱中
掺有大块的牛油果
口感丰富

SPICY SHRIMP GUACAMOLE
墨西哥牛油果蘸酱配辣烤大虾

墨西哥牛油果酱 ·································· 1份
新鲜大虾 ·· 10只
红椒粉 ·· 半小匙
大蒜粉 ·· 半小匙
脆玉米片 ·· 适量

墨西哥牛油果酱除了基本款之外
与各种食材搭配还能变出许多花样
多次在家请客，最受欢迎的就是这道菜了
辣烤大虾的牛油果酱
爽脆有弹性的虾仁为牛油果酱增添层次
蒜辣香味更为过瘾
绝对是夏季看球下酒的好零食

大虾洗净去壳去泥肠
烤盘铺烘焙纸，铺好大虾
均匀撒上红椒粉与大蒜粉
在185℃的烤箱中烤8—10分钟即可

大虾拿出来后，切成粗块
视虾仁大小，2—3段都可以
一半虾仁拌入牛油果酱，一半铺在酱上面
享用的时候，玉米片插在旁边即可

MANGO & CORN GUACAMOLE
缤纷芒果玉米墨西哥牛油果蘸酱

墨西哥牛油果酱 ·························· 1份
黄芒果 ································· 1个
玉米粒 ································· 1大匙
红椒粉 ································· 1小匙
脆玉米片 ······························ 适量

加了芒果的墨西哥牛油果蘸酱
最适合与烤海鲜或烤鸡肉一起做成卷饼
单独搭配烤海鲜串也十分美味

芒果为牛油果酱增加了香甜
但芒果与牛油果质感太相似
此处的玉米粒则带来有趣的脆爽的口感
红椒粉则中和一些芒果的甜味

芒果切小块，与玉米粒、红椒粉
一同拌进牛油果酱中

GARLIC AIOLI
蒜味蛋黄酱

大蒜 ······································ 半球

蛋黄酱 ···································· 半饭碗

蜂蜜 ······································ 1小匙

海盐 ······································ 1小匙

橄榄油 ···································· 1大匙

柠檬汁 ···································· 1大匙

欧芹叶碎 ·································· 1大匙

调味蛋黄酱，与炸物是完美搭档

搭配薯条，炸海鲜

口感与风味都很有层次

重点是大蒜要烤过

留住香气，又去掉了辛辣味

大蒜整球横面切半

放在锡箔纸上浇一些橄榄油

包裹起来在180℃的烤箱中烤20分钟

拿出来后将柔软香滑的蒜肉捣碎

与蛋黄酱、蜂蜜、海盐

柠檬汁与欧芹叶碎拌匀即可

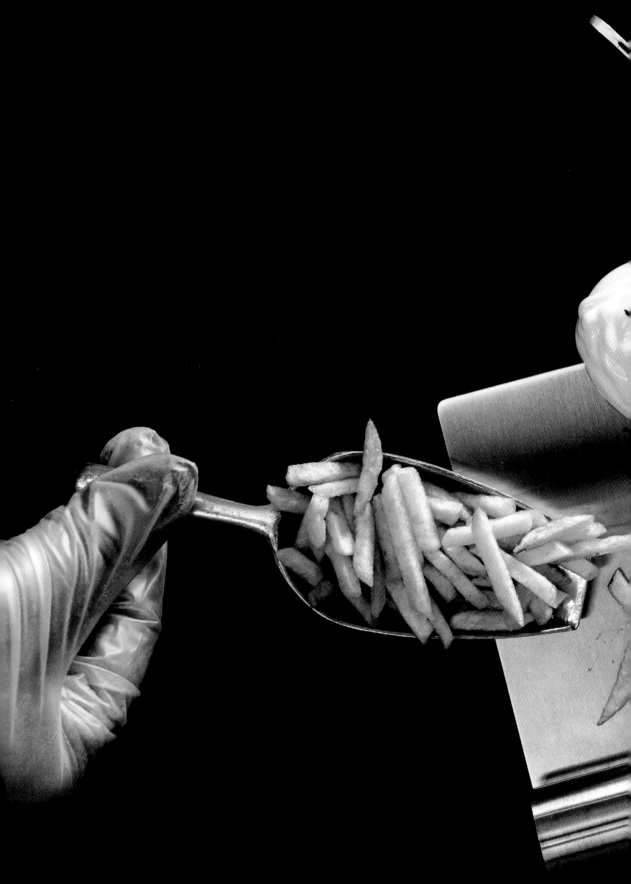

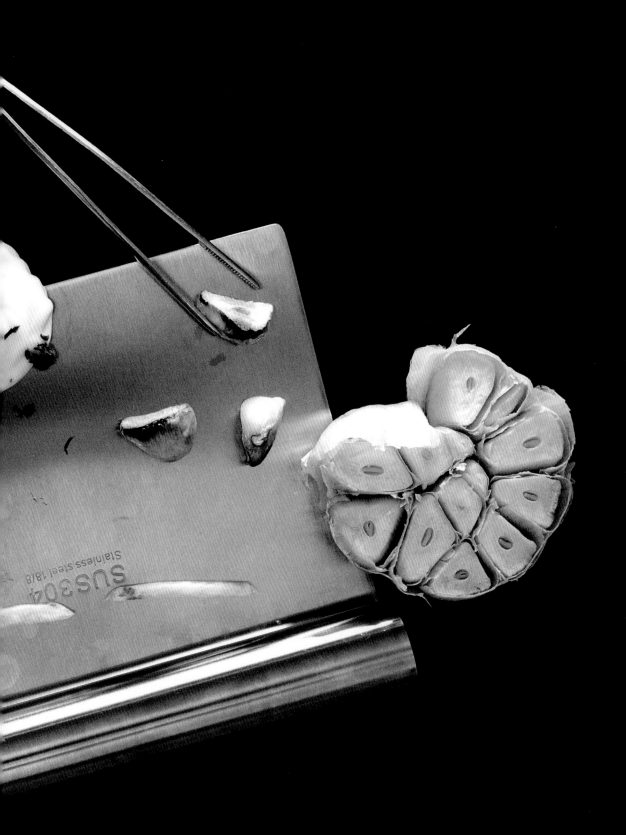

WASABI AIOLI
芥辣蛋黄酱

绿芥末酱 ·························· 1大匙

蛋黄酱 ··························· 半饭碗

蜂蜜 ····························· 1小匙

海盐 ····························· 1小匙

橄榄油 ··························· 1大匙

调味蛋黄酱有许多种口味
搭配绿芥末的是我个人最爱之一
嫌麻烦的，可以直接用市售的青芥末替代
将就点儿的，用新鲜的芥辣磨成泥更香

无论是现磨芥末，还是现成的芥末产品
与蛋黄酱拌匀
加海盐少许与橄榄油、蜂蜜
日式炸鸡块与它最配

BURGER DIP
牛肉奶酪汉堡蘸酱

牛肉糜 ···························· 100克
大蒜粉 ···························· 1小匙
洋葱 ······························ 1/2球
洋葱粉 ···························· 1小匙
辣酱油 ···························· 1大匙
海盐 ······························ 1小匙
奶油奶酪 ·························· 半饭碗
番茄 ······························ 1个
切达奶酪碎 ························ 半饭碗
欧芹碎 ···························· 1大匙

食谱灵感来自多汁美味的芝士牛肉汉堡
与奶油奶酪和切达芝士拌匀后同烤
玉米片蘸着吃
是家庭聚会或带去朋友家分享的好零食
也很适合作为男士们在家看球时
配啤酒的小点心

辣酱油（Worcestershire）
可用中国的辣酱油替代，其实本是同类的调味
只是外国的味道更浓郁一些

牛肉糜与切碎的洋葱
大蒜粉、洋葱粉、辣酱油炒香
在可烘焙的深碗里与奶油奶酪、番茄丁拌匀
上面铺满切达（Cheddar）奶酪碎
在180℃的烤箱中烤至上层奶酪变成金黄色即可

CRISPY BURGER ROLLS
酥炸芝士牛肉卷

牛肉奶酪汉堡蘸酱 ······················ 1量杯

切达奶酪碎 ···························· 1量杯

春卷皮 ······························· 8张

食用油 ······························· 3量杯

灵感同样来自多汁美味的芝士牛肉汉堡

与切达芝士拌匀

只是这次不烤

而是用春卷皮包成长条炸着吃

这道小吃让我想到小时候

唐人街的美国中餐厅总有用奶酪做的

"Egg Roll"（鸡蛋卷）

热气奔腾的春卷一咬开

浓郁的奶酪馅儿就流淌而出

完美至极

这是童年的回忆

牛肉奶酪汉堡调料与切达奶酪碎混合后

先放冰箱冷藏1小时让其固定

这样方便包裹

春卷皮摊开，放约一大匙的量即可

两边折进去后卷成长条

因馅料本身是熟的，不需要炸太久

油锅中火热透炸至浅浅的金黄色即可

拿出来颜色会持续变深

BLT RANCH DIP
(bacon, lettuce, tomato)
培根生菜番茄蘸酱

培根 ···································· 3—5条
大蒜粉 ·································· 1小匙
洋葱粉 ·································· 1小匙
海盐 ···································· 少许
奶油奶酪 ································ 半饭碗
番茄 ···································· 1个
切达奶酪碎 ····························· 半饭碗
青葱 ···································· 少许
农场沙拉酱 ····························· 2大匙

BLT 三明治
也就是培根（Bacon）、生菜（Lettuce）、番茄（Tomato）三明治
是美国家喻户晓的国民三明治之一
爽脆培根夹在多汁生菜番茄中间
佐以酸甜沙拉酱
夏天吃起来十分爽口

用它作为灵感
变成玉米片或脆面包的蘸酱
培根的脆加上番茄的新鲜多汁
蘸酱Dip或三明治佐料都很棒哦

培根平铺在烘焙纸上
放烤盘里在180℃的烤箱中烤至焦脆
拿出来后压碎，与切丁的番茄
奶油奶酪、切达奶酪碎
大蒜粉、洋葱粉，还有青葱拌匀后
进烤箱再烤至表层奶酪金黄色即可

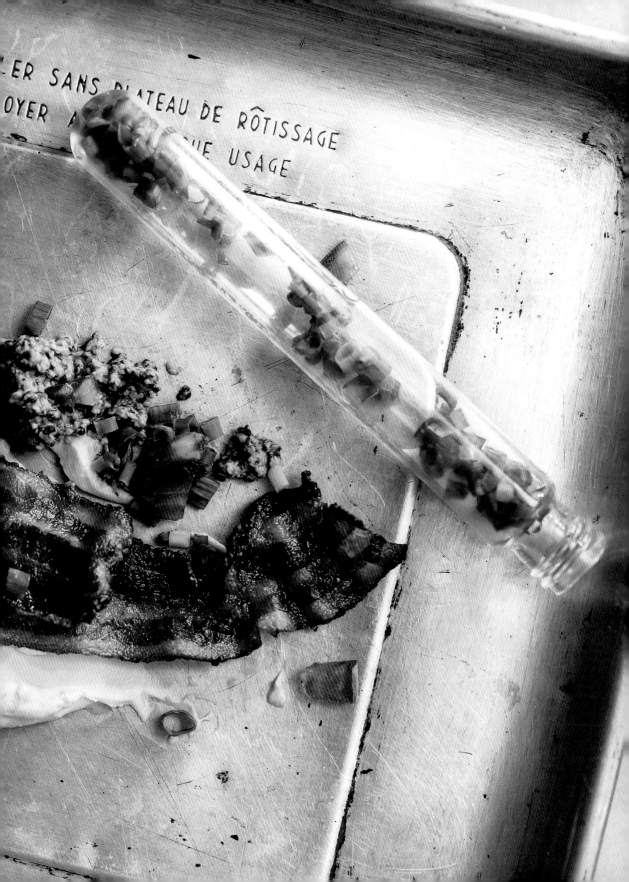

BLT TURKEY SANDWICH
BLT火鸡三明治

BLT蘸酱 ·························· 1大匙
黄芥末酱 ·························· 1大匙
罗马生菜 ·························· 2片
现刨帕玛森奶酪 ·························· 1大匙
新鲜番茄 ·························· 2片
烟熏火鸡肉 ·························· 30克
培根 ·························· 2片
面包 ·························· 2片

原本就是由培根、生菜、番茄三明治
得来灵感的蘸酱
重新被复制在火鸡胸肉三明治里
再双份叠加生菜、番茄、香脆培根
三明治里夹着满满馅料
多汁浓郁，满足100分

培根煎或烤脆
通常在190℃的烤箱中烤8分钟即可

我个人喜欢皮脆芯软的全麦或谷物面包
你也可以用软法棍或任何你喜欢的面包替代
只要注意不要太薄的，才能承受这么多内馅

面包一片抹BLT蘸酱，一片抹芥末酱
堆叠上生菜、番茄、火鸡胸肉、培根
最后刨上帕玛森奶酪碎
记得，培根要放在各层馅料最中间哦

BLT POTATO CROQUETTE
酥炸BLT奶酪土豆球

BLT蘸酱 ························· 1量杯

土豆泥 ························· 半量杯

马苏里拉奶酪条 ················· 5条

鸡蛋 ························· 1个

面粉 ························· 1量杯

面包糠 ························· 1量杯

土豆泥，BLT蘸酱都事先放进冰箱冷却
冷却后质地比较紧实，方便制作
市售的马苏里拉奶酪条（String Cheese）
切成小段
取1小匙BLT蘸酱包裹着奶酪搓成球
再用一大匙土豆泥包裹搓成球

先蘸一层薄薄的面粉
再蘸一层打散的蛋液
最后滚上一层面包糠

中火热油，炸至金黄飘浮起即可

PAPRIKA FETA DIP
希腊飞达奶酪与烤红椒蘸酱

希腊飞达奶酪 ······························ 60克

奶油奶酪 ································· 半饭碗

红彩椒 ···································· 1个

海盐 ····································· 1小匙

橄榄油 ···································· 2大匙

薄荷叶 ···································· 少许

烤彩椒的香气与两种奶酪交织

产生的是非常地中海的风情

这款蘸酱不仅单蘸好吃

作为各种烤蔬菜三明治里的抹酱

更是完美

彩椒去芯与籽，切成大片的长条

放烤盘里淋上橄榄油和海盐

在180℃的烤箱中烤20分钟

彩椒冷却后与奶油、奶酪放进食物调理机

打成滑顺的酱

放在有深度的烤盘里

将希腊飞达奶酪（Feta Cheese）捏碎

撒在表层，在180℃的烤箱中

烤至表层有点儿焦黄即可

SPINACH SHRIMP DIP
大虾菠菜蘸酱

培根 ······················· 3—5条

大蒜粉 ······················· 1小匙

洋葱粉 ······················· 1小匙

海盐 ························· 少许

奶油奶酪 ····················· 1饭碗

大虾 ························ 100克

切达奶酪碎 ··················· 1饭碗

青葱 ························· 少许

冷冻菠菜 ···················· 100克

大虾菠菜蘸酱

大概是我第一个学会的Dip

彼时是十几年前了

从此变成我的必做经典食谱之一

无论是过节请朋友做客作饭前小吃

或一群男生来家里看球

都可以随手做出这个超级简单的食谱

冷冻菠菜与奶油奶酪

在微波炉里热融化

加切大块的熟虾仁、脆培根碎拌匀

最后加少许海盐、胡椒以及切达奶酪碎

拌匀后在180℃的烤箱中烤至表面金黄即可

Tips：同样的食谱，还可以用蟹肉代替

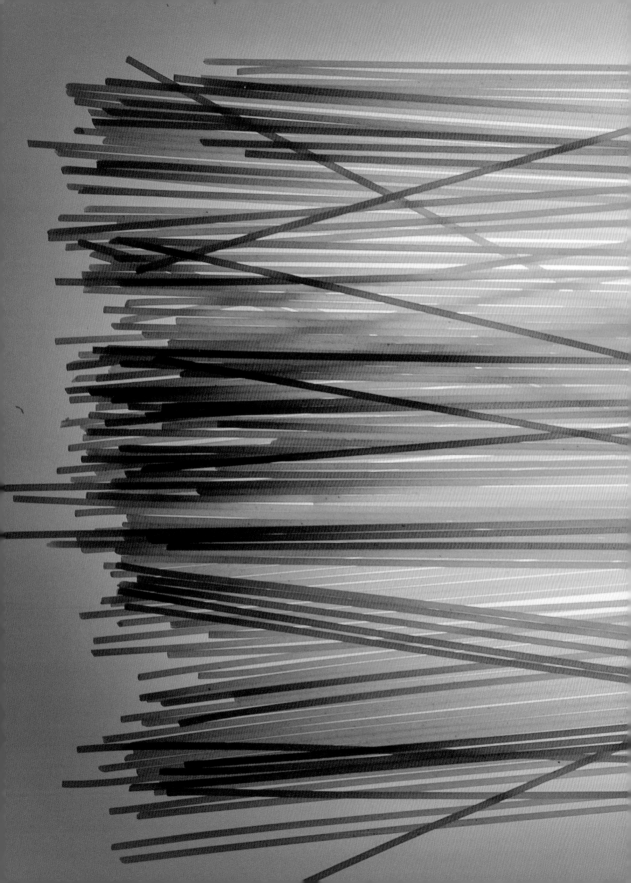

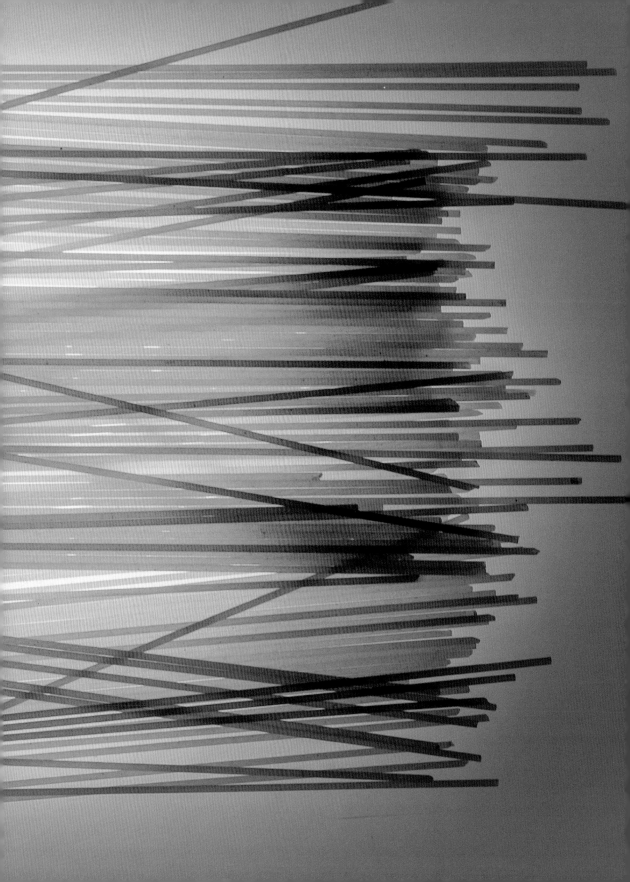

CHAPTER FOUR

第四章

沙拉酱与拌酱

讲究的是干湿食材的搭配

把握几个重点

很容易就能举一反三

也很适合自行增添新食材

变出新花样

DRESS

————

沙拉酱 & 拌酱

PISTOU VINEGRETTE
法式香料油醋

百里香 ·············· 1小把

罗勒 ·············· 1小把

薄荷 ·············· 1小把

欧芹 ·············· 1小把

迷迭香 ·············· 1小把

橄榄油 ·············· 2量杯

意大利黑醋 ·············· 3大勺

看过我的公众号或买过我第一本食谱书
《从厨房到餐桌》的读者们
肯定很熟悉法式香料油酱（Pistou）
Pistou之美，在于轻盈爽口的质地
香气复杂有层次
与青酱（Pesto）不同
Pistou没有加坚果，于是更适合调味

用它做一味百搭的沙拉酱
特别适合与禽类搭配

香料取叶子，不要用梗，容易发苦
在食物调理机中加橄榄油打匀即可
加入意大利黑醋，很好的沙拉酱就完成了

SMOKED DUCK BISTRO SALAD

香料油醋烟熏鸭肉沙拉

法式香料油醋 ························· 3大匙
芝麻菜 ····························· 1人份
现刨帕玛森奶酪 ····················· 1大匙
新鲜核桃 ··························· 1大匙
烟熏鸭肉 ··························· 30克

芝麻菜洗净，与新鲜核桃仁拌匀
烟熏鸭肉切薄片
刨上帕玛森奶酪
再浇上香料油醋汁即可

烟熏鸭肉通常比较咸
可以不需要再加盐
研磨一些黑胡椒即可提味

HERB & MUSTARD VINEGRETTE
香料油醋黄芥末沙拉酱

法式香料油醋 ·············· 3大匙
法式黄芥末酱 ·············· 1人份
现刨帕玛森奶酪 ·············· 1大匙
蜂蜜 ·············· 1大匙
蛋黄酱 ·············· 2大匙
海盐 ·············· 少许

用法式香料油醋汁
加上黄芥末、蛋黄酱与蜂蜜
用打蛋器均匀打散，或用食物调理机打发后
达到乳化的效果
就是一道很棒的基础沙拉酱汁

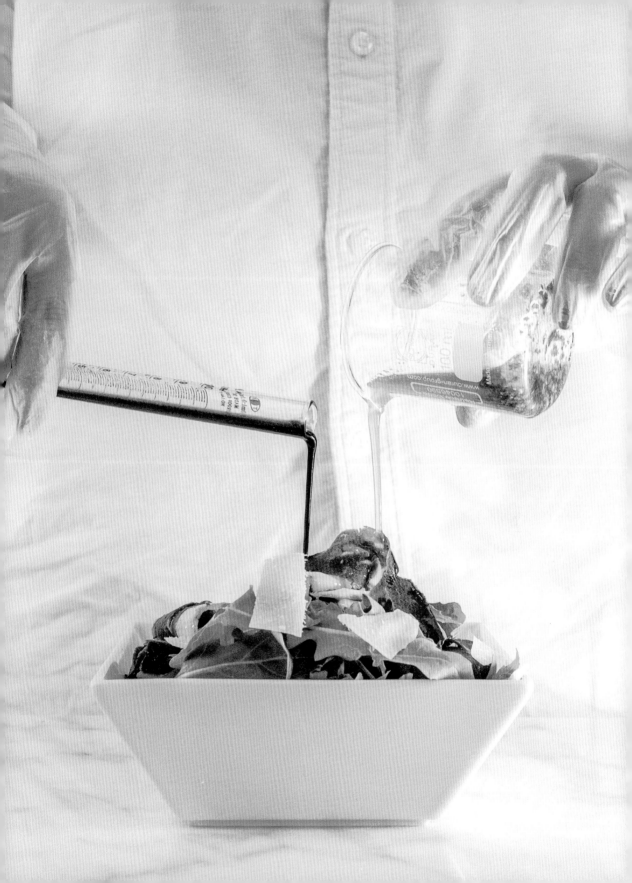

CILANTRO PINE NUTS PESTO

香菜松子帕玛森青酱

香菜 ································· 1把

帕玛森奶酪片 ···················· 1大匙

松子 ····························· 1大匙

海盐 ····························· 1小匙

大蒜 ·························· 3—4瓣

橄榄油 ··························· 1量杯

国内常见青酱
总是用罗勒
其实青酱的变化很多
各种绿色叶片香料
或深绿色蔬菜都能做

味道各有千秋
做成意面更有新意

香菜洗净去根，梗可以留着
因为香菜最香的是梗的部分
而且不会有苦味
整块帕玛森奶酪（Parmesan）刨片
松子平铺在烤盘中在150℃的烤箱中烤10分钟
一起放在食物调理机中加橄榄油打成泥即可

青酱打好后，放入玻璃密封瓶中
可以存放3周
颜色如果变深，就快快拿出来用掉

KALE CASHEW PESTO

羽衣甘蓝腰果青酱

羽衣甘蓝叶 …………………………… 1把

帕玛森奶酪片 ………………………… 1大匙

腰果 …………………………………… 1大匙

海盐 …………………………………… 1小匙

大蒜 …………………………………… 3—4瓣

橄榄油 ………………………………… 1量杯

羽衣甘蓝是比较硬质的蔬菜

洗净后去梗，留叶子

羽衣甘蓝有一种香苦味

做青酱的时候与带有甘甜的腰果最配

整块帕玛森奶酪刨片

腰果平铺在烤盘中在150℃的烤箱中烤10分钟

一起放在食物调理机中加橄榄油打成泥即可

羽衣甘蓝做的青酱

味道更为浓郁但柔和

与鸡肉十分搭配

CLASSIC PESTO PASTA
经典青酱意面

经典青酱 ·····················3大匙

意大利面 ·····················1人份

现刨帕玛森奶酪 ·················1大匙

大锅烧水，沸腾后加盐煮面

新鲜的意面没有al dente*半生熟概念

只需2—3分钟煮至全熟即可

干意面则需煮约10分钟（具体看锅大小）

煮至肉软但面芯带一点儿硬即可

煮意面切忌水里加橄榄油

面条裹上油后，酱汁则难以附着

水中加盐除了保持温度

更是为了在面条里调味

青酱意面，青酱可以不需要在锅中加热

大碗中放青酱3大匙，把煮好的热意面加进去

加少许煮意面的热水，刨新鲜帕玛森奶酪

快速拌匀至意面水中的淀粉与奶酪和青酱充分融合

即可盛盘，再刨一些帕玛森奶酪即可

*al dente：一种意大利人对意面熟度的要求，面芯稍有硬度，较有口感

PESTO PRAWN LASAGNA
青酱大虾千层面

经典青酱 ·························· 3大匙
千层面 ·························· 12—16片
大虾 ·························· 300克
大蒜粉 ·························· 2小匙
番茄 ·························· 2个
马斯卡彭奶酪 ·························· 300克
新鲜马苏里拉奶酪 ·························· 200克

大锅烧水，沸腾后加盐煮面
千层面煮至半熟后捞出过冷水，备置

大虾去壳去泥肠洗净，在锅中用少许油
与大蒜粉、海盐炒熟
放凉后与马斯卡彭奶酪（Mascarpone）、青酱拌匀

在深烤盘中抹少许橄榄油
铺平一层千层面，铺一层大虾青酱马斯卡彭
再铺一层千层面，如此重复多次
最上层铺上切厚片的番茄
以及厚片新鲜马苏里拉奶酪（Mozzarella）

在180℃的烤箱中
烤25分钟至表面金黄即可

THAI PEANUT DRESSING

泰式花生酸甜沙拉酱

香菜 ······················ 半把

花生酱 ······················ 3大匙

酱油 ······················ 1大匙

醋 ······················ 1小匙

大蒜 ······················ 2瓣

蜂蜜 ······················ 3大匙

海盐 ······················ 1小匙

麻油 ······················ 1小匙

花生 ······················ 半量杯

鱼露 ······················ 1小匙

花生油 ······················ 5大匙

红辣椒 ······················ 1根

青葱 ······················ 半根

花生、香菜、香油与麻油的搭配

最适合做沙拉或凉面

一款十分 "fusion（融合）"的口味

总是让我想到吃着美式中餐的日子

花生酱、大蒜、酱油、醋

蜂蜜、海盐、麻油、鱼露

全部在食物调理机中加花生油打成酱汁

食用前再加葱花与香菜

花生碾碎撒上去即可

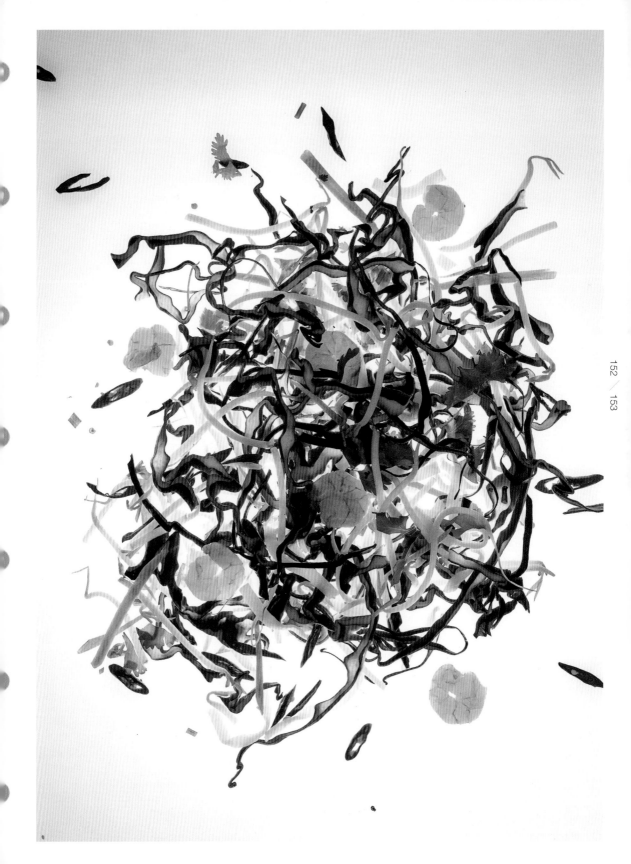

THAI CHICKEN SALAD
泰式鸡肉沙拉

泰式花生酸甜沙拉酱 ······················· 4大匙

煎鸡胸肉 ·································· 200克

橄榄油 ··································· 1大匙

紫甘蓝菜 ································· 1/4颗

绿豆芽 ····································· 1把

黄瓜 ······································ 1根

花生碎 ···································· 1大匙

罗马生菜 ··································· 1颗

香菜 ······································ 1把

泰式沙拉其实十分随意

鸡肉也可以换成烤虾或烤牛肉

橄榄菜与罗马生菜切成细丝

豆芽择干净，香菜切碎

与花生酸甜沙拉酱拌匀

铺上烤鸡肉、烤牛肉或烤虾

最后撒上花生碎即可

THAI NOODLE SALAD
泰式沙拉冷面

泰式花生酸甜沙拉酱 ····················· 4大匙

煎鸡胸肉 ··························· 200克

橄榄油 ···························· 1大匙

紫甘蓝菜 ························· 1/4颗

绿豆芽 ····························· 1把

黄瓜 ······························ 1根

花生碎 ···························· 1大匙

罗马生菜 ··························· 1颗

香菜 ······························ 1把

是拉差辣椒酱 ······················· 1大匙

在泰式鸡肉沙拉的基础上

加上荞麦面或熟河粉

就变成开胃爽口的泰式沙拉冷面

冷面中加少许是拉差香甜辣椒酱

能让凉面口感更有层次

SICHUAN WONTON SAUCE
四川抄手酱

花生酱 ·······························4大匙

酱油 ·······························半饭碗

醋 ·······························1大匙

大蒜 ·······························4—5瓣

白糖 ·······························2大匙

辣椒油 ·······························3大匙

花生 ·······························半量杯

辣子 ·······························1大匙

花椒 ·······························1大匙

花椒在平底锅中小火烙香

与大蒜、酱油、醋

白糖、辣椒油、辣子

全部在食物调理机中打成酱汁

食用前，加葱花与香菜

花生碾碎撒上去即可

抄手酱搭配饺子、馄饨，甚至是拌面

都十分万能

SPICY NOODLE SAUCE
甜辣凉面酱

芝麻酱 ····································4大匙

酱油 ······································半饭碗

醋 ··1大匙

大蒜 ····································4—5瓣

白糖 ····································2大匙

辣椒油 ··································3大匙

花生 ····································半量杯

辣子 ····································1大匙

花椒 ····································1大匙

这个凉面酱不管用花生酱或芝麻酱来做

都挺好吃的

甜甜辣辣

拌上黄瓜丝或烫点儿绿豆芽

无论荤或素，都十分开胃

当然，你也可以搭配一些鸡丝

变成鸡丝凉面

酱汁拌凉皮也可以用

花椒在平底锅中小火烙香

与芝麻酱、大蒜、酱油、醋

白糖、辣椒油、辣子

全部在食物调理机中打成酱汁

食用前，加葱花与香菜

花生碾碎撒上去即可

CHINESE CABBAGE SLAW DRESSING
中式麻酱凉拌菜酱汁

香菜 ························· 半把
芝麻酱 ························· 3大匙
酱油 ························· 1大匙
醋 ························· 1小匙
大蒜 ························· 2瓣
白糖 ························· 1小匙
黄芥末粉 ························· 1大匙
海盐 ························· 1小匙
麻油 ························· 2大匙

姥姥是烟台人，姥爷是北京人
这是我家冬天还有过年时的凉拌菜
芥末、大白菜、芝麻酱
都是常用的食材
即便没有肉，只用豆干切丝一拌
再加上香菜，就是孩子们疯抢的冷菜了

黄芥末粉用一点点温水调成较干的酱
留在碗里，倒扣以保留冲气
大碗中芝麻酱用少许热水兑开
加酱油、盐、麻油、醋、大蒜末、白糖
调匀后加刚才兑好的黄芥末拌匀

大白菜、豆干都切成细丝
撒上香菜
特别适合冬天白菜正甜美的季节

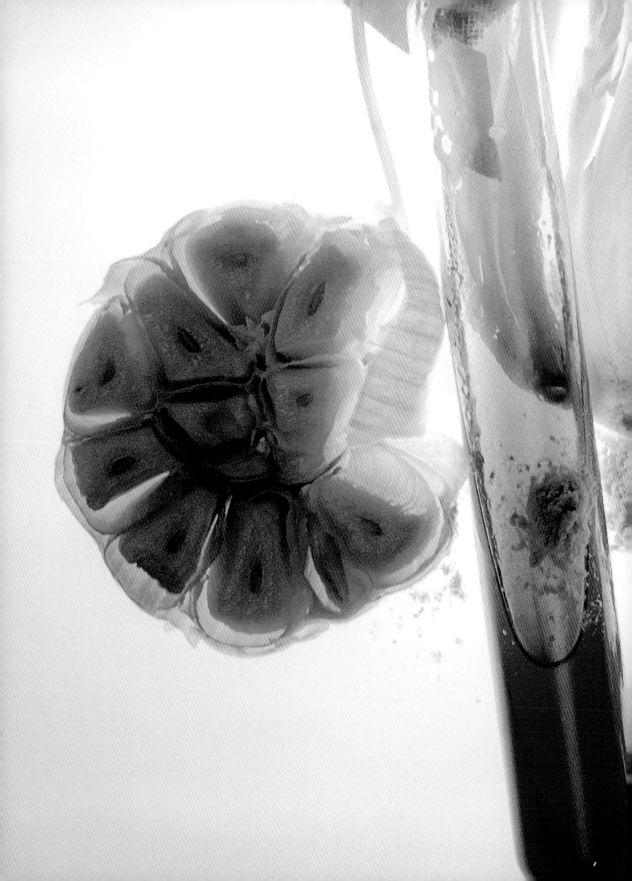

CHAPTER FIVE

第五章

在国外时常可以买到炖煮酱

Braising Sauce（奶油沙司）

十分省事，一罐酱拿回来

与稍微煎好的肉类一同放在锅里炖煮，很快就是一锅完美的炖菜

下面介绍的炖煮酱也是这个概念

都是可以提前做好的食谱，不仅自己用起来方便，放在漂亮瓶子里送人也很独特

STEW & BRAISING SAUCE

———

炖煮酱

MUSHROOM STEWING SAUCE
奶油杂菌炖汁

杂菌 ·· 300克

淡奶油 ····································· 300克

鲜奶 ·· 200克

高汤 ·· 300克

面粉 ·· 3大匙

黄油 ·· 3大匙

大蒜 ·· 1球

海盐 ·· 3大匙

取任意杂菌数种

除了韧性太强的金针菇以外

其他各种菌菇都很适合

大蒜横面切半,与洗净的菌菇放在烤盘中

淋少许橄榄油在180℃的烤箱中烤至金黄

拿出后,大蒜取蒜肉放进汤锅中

加黄油炒香,加面粉炒成面糊后

加烤熟的菌菇继续炒出香气

再加高汤、鲜奶,与淡奶油熬煮20分钟后

用食物调理机打成滑顺酱汁即可

Tips:有奶汁的炖煮酱,不要放超过四天

CREAMY MUSHROOM CHICKEN
奶油杂菌炖鸡

奶油杂菌炖汁 ······················· 2量杯
去骨鸡腿肉排 ····················· 300克
面粉 ······························· 3大匙
海盐 ······························· 1小匙
胡椒 ······························· 少许
新鲜杂菌 ···························· 1把
新鲜百里香 ·························· 1把

奶油杂菌汁用来与新鲜杂菌

煎鸡排一起炖煮

是一道快手工作日晚餐

面粉放在大盘中

用盐、胡椒少许调味

去骨鸡腿肉摊平，两面蘸薄薄一层面粉

平底锅中热油少许煎至两面金黄

盛盘备置

炒熟杂菌，加奶油杂菌汁煮至沸腾

加入煎好的鸡腿排和百里香

可以盖锅盖小火炖煮15分钟

也可以开着盖子在185℃的烤箱中

烤20分钟

完成后搭配面条、米饭或面包都很理想

CREAMY MUSHROOM RIGATONI
奶油杂菌意面

奶油杂菌炖汁 ·························· 2量杯
海盐 ······························· 1小匙
粗管意面 ··························· 1把
新鲜杂菌 ··························· 1把
新鲜欧芹叶 ························· 1小把
现刨帕玛森奶酪 ···················· 2大匙

大锅烧水，加海盐煮意面约10—13分钟
在即将熟的口感阶段捞出即可
平底锅中热少许油，炒杂菌
加奶油杂菌炖汁加热，加入刚煮好的热意面
再加1大勺热意面水小火拌炒均匀

盛盘后，刨帕玛森奶酪
撒新鲜欧芹叶碎即可盛盘

奶汁意面酱与浓郁的奶酪味
最适合粗管意面
喜欢肉类的人，也可以加入培根
意大利或西班牙火腿

CLASSIC MEAT SAUCE
经典意大利肉酱

洋葱 ·························· 1/2球
牛肉糜 ·························· 300克
意大利番茄罐头 ·························· 1罐
海盐 ·························· 1小匙
新鲜罗勒叶 ·························· 2小把
橄榄油 ·························· 1大匙

经典意大利肉酱，最简单
也最难掌握
意大利肉酱讲究的是食材原味
以及酸甜间的平衡度
使用意大利进口的番茄罐头
才能还原意大利当地番茄品种的甜度
也一定要避免加胡萝卜或番茄酱
否则会呈现不自然的橘红色
干燥香料也要避免使用
最好用新鲜罗勒叶

支汤锅热橄榄油，炒洋葱末至半透明
加牛肉糜炒香后，加番茄罐头
转小火炖煮20分钟
海盐少许，罗勒叶切碎
关火后拌进去即可

盛盘时，再撒一些新鲜罗勒叶
与现刨的帕玛森奶酪
就是很经典香浓的意大利肉酱了

TRADITIONAL BOLOGNESE
经典意大利肉酱面

经典意大利肉酱 ·············· 1量杯
意面 ························· 1人份
海盐 ························· 1小匙

经典的意大利肉酱面
不应该用肉酱铺在白面上
应该经过热锅与煮意面的水拌匀
才能将肉汁充分融合在面条里
意面的选择上可以十分随意
浓郁的肉酱能挂在各种形状的意面上
于是细面、管面、宽面都适用

大锅烧水，沸腾后加盐煮面
新鲜的意面没有al dente*半生熟概念
只需2—3分钟煮至全熟即可
干意面则需煮约10分钟（看锅大小）
煮至肉软但面芯带一点儿硬即可
煮意面切忌水里加橄榄油
面条裹上油后，酱汁则难以附着
水中加盐除了保持温度
更是为了在面条里调味

大平底锅中加热肉酱
加入新鲜煮好的热意面拌匀
维持小火，加一大匙煮意面的水
意面水中的淀粉会将酱汁调和成温和细腻
浓郁丰厚的酱汁
刨上新鲜帕玛森奶酪
撕碎一些新鲜罗勒即可

* al dente：一种意大利人对意面熟度的要求，面芯稍有硬度，较有口感

CLASSIC BARBECUE SAUCE
经典美式烤肋排酱汁

洋葱 ···································· 1/2球

大蒜 ···································· 1/2球

洋葱粉 ·································· 1大匙

大蒜粉 ·································· 1大匙

辣酱油 ·································· 1大匙

蜂蜜 ···································· 2大匙

番茄酱 ·································· 2大匙

红椒粉 ·································· 1大匙

黄芥末酱 ································ 2大匙

莳萝粉 ·································· 1大匙

孜然粉 ·································· 1大匙

洋葱切块，与所有食材放入小锅中熬煮

小火约熬30分钟至浓稠

用食物调理机将洋葱打碎

继续熬煮10分钟即可

冷却后，一半拿来腌肉排

一半拿来做烤肋排时刷上去的酱汁

AMERICAN CLASSIC RIB
美式经典烤肋排

美式烤肋排酱汁 ·························· 2量杯
猪肋排 ······························· 700克

肋排洗净，先用一半的酱汁均匀涂抹
放在密封塑料袋中腌制3小时或腌过夜

烤箱预热设置180℃
烤盘中铺烘焙纸，将腌制好的肋排平铺
烤20分钟后
拿出剩下的酱汁均匀地刷一层
放入烤臬烤15分钟
再拿出刷一层酱汁
再烤15分钟
如此重复5—6次后
总计应烤90分钟左右
用叉子试试肋排
软烂了即可盛盘

同样的做法也可以换成牛肋排
鸡腿、牛小排等容易熟的肉
建议时间控制在30分钟左右

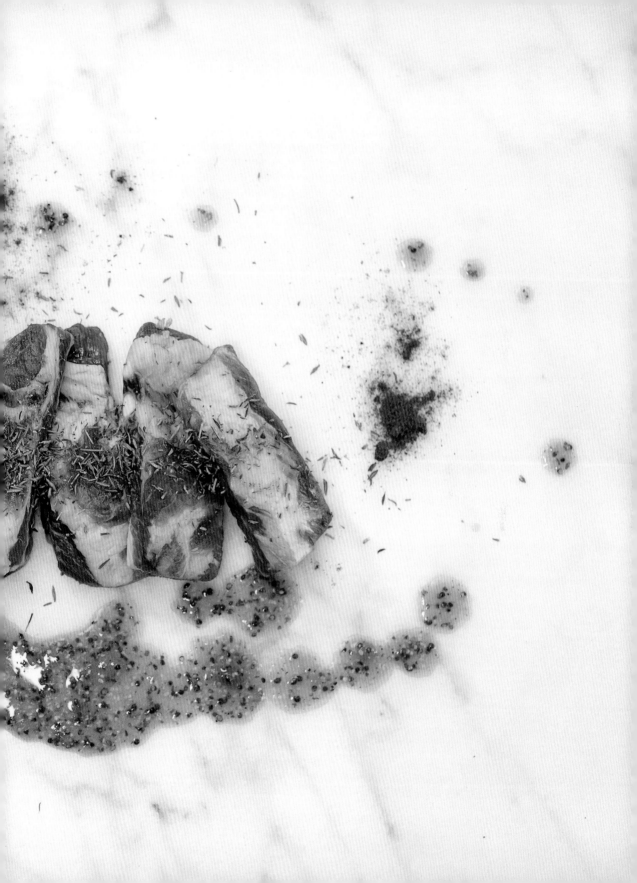

TEXAS BEEF CHILI
德州辣牛肉酱

洋葱 ························· 1/2球
洋葱粉 ························ 1大匙
大蒜粉 ························ 1大匙
辣酱油 ························ 1大匙
番茄酱 ························ 2大匙
红椒粉 ························ 1大匙
青辣椒 ························· 1根
牛肉糜 ························ 200克
红腰豆 ························ 1量杯
孜然粉 ························ 1大匙
海盐 ························· 1小匙
切达奶酪碎 ···················· 1量杯
橄榄油 ························ 1大匙
高汤 ························· 1量杯

德州辣肉酱，是牛仔们的经典食谱
热辣辣的牛肉与绵密的豆子、辣椒一起熬煮
无论是拌在饭上或浇在热狗上
都是牛仔们最喜爱的吃法

奶酪可以用各种不同的干酪碎
也可以视个人喜好加一些辣椒仔辣椒汁
红腰豆换成黑豆也可以

小锅中用橄榄油炒香洋葱碎
加牛肉糜、洋葱粉、大蒜粉
红椒粉、孜然粉一同炒香炒熟后
加番茄酱、辣酱油、红腰豆
高汤炖煮约30分钟即可
出锅前加青辣椒片
盛盘撒奶酪碎即可

TEXAS CHILI DOG
德州辣肉酱热狗

辣肉酱 ·························· 1大匙
切达奶酪碎 ·················· 1大匙
墨西哥绿辣椒 ················ 数片
热狗 ·························· 1根
热狗面包胚 ·················· 1个
黄油 ·························· 少许

德州辣肉酱搭配热狗吃
是美国十分经典的吃法

面包胚内部涂上少许黄油
面底在平底锅中略煎烤
热狗煎熟（也可以水煮）
放在热狗面包胚中
浇上一大匙德州辣肉酱
再撒上满满的奶酪碎和绿辣椒
就可以准备大快朵颐这道美味了

PUMPKIN BRAISING SAUCE
南瓜炖肉酱

洋葱 ···································· 1/2球

洋葱粉 ·································· 1大匙

大蒜粉 ·································· 1大匙

辣酱油 ·································· 1大匙

番茄酱 ·································· 2大匙

红椒粉 ·································· 1大匙

贝贝南瓜 ································ 1个

黄芥末 ·································· 1大匙

海盐 ···································· 1小匙

橄榄油 ·································· 1大匙

高汤 ···································· 2量杯

南瓜炖肉酱，是最适合秋天的炖肉酱

绵密香甜的南瓜酱用来炖牛肉

鲜甜酥烂，搭配在米饭或意面上

都令人向往

牛肉方面可以使用牛小排、牛腩或小牛肉都很理想

深汤锅中热油炒洋葱块

加蒸熟的南瓜块

与洋葱粉、大蒜粉、辣酱油、番茄酱、红椒粉、黄芥末、高汤一同熬煮约20分钟后

用食物调理棒打成细滑的酱汁

再大火熬煮10分钟即可

使用时，牛肉块蘸裹少许面粉

在锅中煎至金黄，然后加炖肉酱

与双倍量的高汤，小火炖煮2小时

最后大火收汁即可

PINEAPPLE RUM BRAISING SAUCE
菠萝朗姆酒炖肉酱

洋葱 ························· 1/2球

洋葱粉 ······················ 1大匙

大蒜粉 ······················ 1大匙

辣酱油 ······················ 1大匙

番茄酱 ······················ 2大匙

红椒粉 ······················ 1大匙

菠萝肉 ······················ 150克

黄芥末 ······················ 1大匙

海盐 ························· 1小匙

橄榄油 ······················ 1大匙

高汤 ························· 2量杯

朗姆酒 ······················ 3大匙

这道炖肉酱食谱，有菠萝酵素的加持和酸甜的口感，最适合用来与猪肉或小牛肉搭配

我喜欢用罐头菠萝，甜度够

深汤锅中热油炒洋葱与菠萝块

与洋葱粉、大蒜粉、辣酱油、番茄酱、红椒粉、黄芥末、朗姆酒、高汤

一同熬煮约20分钟后

用食物调理棒打成细滑的酱汁

再大火熬煮10分钟即可

使用时，猪排蘸裹少许面粉

在锅中煎至金黄，然后加炖肉酱

与双倍量的高汤小火炖煮2小时

最后大火收汁即可

FIG ONION DUCK BRAISING SAUCE

无花果洋葱炖鸭酱

洋葱	1/2球
洋葱粉	1大匙
大蒜粉	1大匙
辣酱油	1大匙
番茄酱	2大匙
红椒粉	1大匙
红酒醋	2大匙
无花果	2个
蜂蜜	3大匙
海盐	1小匙
橄榄油	1大匙
高汤	2量杯

与鸭肉搭配，必然是无花果最合适了
用蜂蜜与红酒醋熬煮的洋葱酱
佐以甜美的无花果一起熬成汁
与鸭肉的浓厚森林味最为搭配

洋葱切丝，在小锅中与蜂蜜红酒醋熬煮30分钟至软烂，加无花果切块继续熬煮
加高汤、红椒粉、番茄酱、辣酱油、大蒜粉、洋葱粉继续熬煮30分钟即可

用调理棒打成滑顺酱汁后
大火收汁10分钟即可

FIG ONION BRAISED DUCK
无花果烂炖鸭腿

无花果洋葱炖酱 ·························· 1量杯
鸡高汤 ······························· 3量杯
鸭腿 ································· 2支
鸭油或鸡油 ·························· 1大匙

前一页教的无花果洋葱炖鸭酱
拿来与高汤稀释后
用在炖鸭腿上，香甜可口

鸭腿洗净
用小刀在带皮的鸭腿表面划数道
划数道只是为了炖煮时入味
不需要像煎鸭腿、鸭胸那样
切出菱形格纹

平底锅中热鸭油或鸡油
将鸭腿煎至表面金黄即可出锅

铸铁锅中加无花果洋葱炖酱
放入鸭腿煮至沸腾
加高汤进去小火炖煮1小时
整个铸铁锅进185℃的烤箱
不盖盖子焗烤30分钟

此刻酱汁应该已经非常浓郁
鸭肉软烂
可以直接盛盘
搭配鸭油与松露调制的土豆泥
是家宴最完美的菜式

PAN SEARED DUCK BREAST

无花果酱佐香煎鸭胸

无花果洋葱炖鸭酱 ······················· 2大匙
鸡高汤 ······························· 2大匙
鸭胸 ································· 1块
面粉 ································· 1小匙
黄油 ································· 1大匙

炖酱除了拿来直接熬煮鸭肉
亦可用作调配蘸汁

鸭胸洗净，小刀在带皮处横划出菱形格纹
平底锅中热鸭油或鸡油
先煎带皮的一面，约7—8分钟
再翻面煎约7—8分钟
在185℃的烤箱中烤10分钟
拿出静置

小奶锅中加无花果洋葱炖酱炒热
加高汤煮沸后，搅拌1小匙面粉进酱汁
达到勾薄芡的效果
关火后，拌入冷黄油
这样会增加酱汁的明亮度

鸭胸切薄片，摆盘
倒上酱汁即可

CHIPOTLE PULLED PORK
墨西哥辣炖猪肉丝

墨西哥基础腌料 ·············· 3大匙
辣酱油 ·············· 3大匙
番茄酱 ·············· 1量杯
橄榄油 ·············· 1大匙
高汤 ·············· 3量杯
青辣椒 ·············· 少许
青葱 ·············· 少许
香菜 ·············· 少许

墨西哥腌料（Chipotle）炖猪肉丝最适合
拿来做成软塔可饼
也很适合放在墨西哥风味的香料饭上
大勺大勺的牛油果酱与酸奶油一起搭配
绝对是治愈系美食

利用第三章的基础墨西哥腌料
均匀抹在猪肩肉上腌制约1小时
与辣酱油、番茄酱、橄榄油、高汤
一同放入汤锅中小火炖煮3小时
炖至用叉子一戳猪肉就松软开的程度
用叉子将猪肉拨成肉丝
继续在汤汁中炖煮30分钟即可

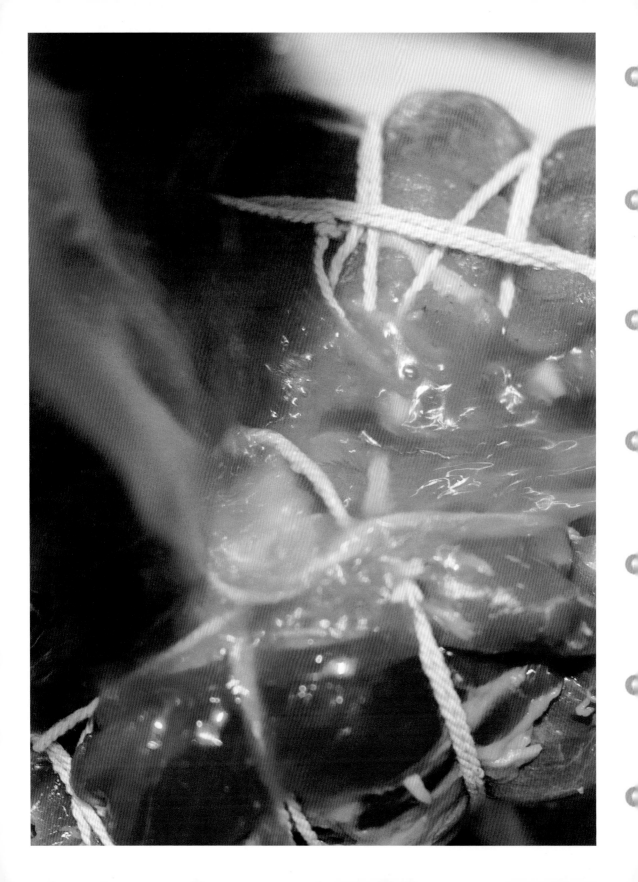

CHIPOTLE PORK TACO

墨西哥辣炖猪肉塔可

牛油果 ………………………………… 1个
番茄 …………………………………… 1个
墨西哥绿辣椒 ………………………… 1大匙
奶酪碎 ………………………………… 2大匙
酸奶油 ………………………………… 3大匙
香菜 …………………………………… 1小把
洋葱 …………………………………… 1/4球
黑胡椒、盐 …………………………… 少许
玉米塔可壳 …………………………… 4个
墨西哥炖猪肉 ………………………… 约200克

软烂多汁的墨西哥熏辣椒炖猪肉
带点儿微辣，猪肉有一丝香甜
我喜欢将牛油果和番茄切丁
与切的细碎的洋葱和香菜拌匀
玉米塔可壳里填上炖猪肉丝
再添一些牛油果、番茄莎莎与酸奶油
最后缀以墨西哥绿辣椒与奶酪碎
趁热一口咬下，多汁脆爽

如果可以买到墨西哥的曼彻格（Manchego）奶酪
是最理想的
如果没有，白或黄切达奶酪碎
也十分理想

同样的搭配，夹在软塔可饼内
或搭配在墨西哥番茄炖米饭上亦不错

CLASSIC CARBONARA
经典蛋黄培根面

蛋黄 ·· 3个
培根 ·· 14条
黄油 ·· 1大匙
帕玛森奶酪 ································ 1量杯
海盐 ·· 少许
意面 ·· 两人份
黑胡椒 ······································ 少许

在家请客时我最爱做的就是Carbonara
其实就是大家口中的奶油培根意面
可其实真正的奶油培根意面是没有奶油的
纯粹利用香煎培根的油
与蛋黄帕玛森奶酪趁热形成浓郁酱汁
而得来的口感

做法简单，但求的是一个快速与熟练度
多做几次很快就掌握了

首先烧水煮面
与此同时在碗中打蛋黄三个
加半量杯帕玛森奶酪碎拌匀，备置
放一个可进烤箱的大盆进烤箱用低温温着
意面快煮好的时候，平底锅中加黄油炒培根
炒至焦黄出油后关火
这时候所有食材就绪
拿出烤箱中的大盆，加蛋液、热面条、培根与煎培根的热油
用夹子快速拌匀中间，把剩下的帕玛森奶酪都加进去
继续拌匀，如果太浓稠
慢慢加入大约半量杯的煮面热水即可

凌嘉

JOYCE LING，美食专栏作家、食谱创作家，知名广告公司首席策略官。在时尚圈工作十余年后转行广告与创意领域，同时也投入到生活方式与美食烹饪中，重新拾起从小最热爱的嗜好。著有《从厨房到餐桌》，个人公众号"wikicookjoyce"。

图书在版编目（ＣＩＰ）数据

灵魂调料实验所 / 凌嘉著. -- 天津：百花文艺出
版社，2019.6
ISBN 978-7-5306-7733-9

Ⅰ.①灵… Ⅱ.①凌… Ⅲ.①食谱 Ⅳ.
①TS972.12

中国版本图书馆CIP数据核字(2019)第102368号

灵魂调料实验所
LINGHUN TIAOLIAO SHIYANSUO

凌嘉著

责任编辑：魏　青　　**特约编辑：**王　维
装帧设计：马顾本
出版发行：百花文艺出版社
地址：天津市和平区西康路35号　　**邮编：**300051
电话传真：+86-22-23332651（发行部）
　　　　　　+86-22-23332656（总编室）
　　　　　　+86-22-23332478（邮购部）
主页：http://www.baihuawenyi.com
印刷：天津市豪迈印务有限公司
开本：787×1092毫米　　1 /16
字数：150千字
印张：14
版次：2019年8月第1版
印次：2019年8月第1次印刷
定价：68.00元
